中央含矿构造岩相带
蛇绿岩型豆荚状铬铁矿的找矿标志
——罗布莎岩体铬铁矿勘查实例

严铁雄　编著

地质出版社
·北　京·

图书在版编目（CIP）数据

中央含矿构造岩相带蛇绿岩型豆荚状铬铁矿的找矿标志：罗布莎岩体铬铁矿勘查实例／严铁雄编著 . —北京：地质出版社，2018.4

ISBN 978 – 7 – 116 – 10841 – 7

Ⅰ. ①中…　Ⅱ. ①严…　Ⅲ. ①铬铁矿床 – 找矿 – 研究—中国　Ⅳ. ①P618. 308

中国版本图书馆 CIP 数据核字（2018）第 031154 号

Zhongyang Hankuang Gouzao Yanxiangdai Shelüyanxing Doujiazhuang Getiekuang de Zhaokuang Biaozhi

责任编辑：	田　野　苗永胜
责任校对：	关风云
出版发行：	地质出版社
社址邮编：	北京市海淀区学院路 31 号，100083
电　　话：	（010）66554528（邮购部）；（010）66554631（编辑室）
网　　址：	http：//www. gph. com. cn
传　　真：	（010）66554686
印　　刷：	北京地大彩印有限公司
开　　本：	787 mm × 1092 mm　$\frac{1}{16}$
印　　张：	9.5
字　　数：	240 千字
版　　次：	2018 年 4 月北京第 1 版
印　　次：	2018 年 4 月北京第 1 次印刷
定　　价：	42.00 元
审 图 号：	GS（2017）3122 号
书　　号：	ISBN 978 – 7 – 116 – 10841 – 7

（如对本书有建议或意见，敬请致电本社；如本书有印装问题，本社负责调换）

20 世纪 70 年代参与罗布莎铬铁矿勘查的部分中青年专家

20 世纪 70 年代后期的罗布莎矿区，部分勘查者在 I 矿群平硐完成编录后的留影

罗布莎超基性岩体康金拉矿区的冰湖（海拔 5200 余米）

20 世纪 70 年代矿区地质组技术人员与钻工给钻机搬家

罗布莎超基性岩体罗布莎矿区Ⅱ矿群施工现场和驻地（海拔4200余米）

罗布莎超基性岩体香卡山矿区ⅩⅣ~ⅩⅥ矿群（海拔4700余米）

罗布莎矿区Ⅶ矿群 ZK2801 深部所见 Cr−57 矿体

罗布莎铬铁矿区Ⅰ、Ⅱ矿群结合部的 Cr−80 矿体分布地段及见矿最厚的钻孔位置

雅鲁藏布江北岸巍峨的角峰屹立在罗布莎超基性岩体的对岸

国土资源部危机矿山接替资源找矿办公室专家到矿区检查工作

地质、物探专家和矿山领导在香卡山矿区考察时的午餐场景

西藏自治区国土厅、危矿接替资源找矿监审专家与西藏矿业、西藏山南

江南矿业公司领导及西藏二队专家现场考察

前　言

　　谨以此《中央含矿构造岩相带蛇绿岩型铬铁矿的找矿标志——罗布莎岩体铬铁矿勘查实例》，献给为尽快缓解我国急缺的铬铁矿资源而先后战斗在青藏高原藏南（雅鲁藏布江）超基性岩带上五十载的西藏自治区地质矿产勘查开发局第二地质大队（简称"西藏二队"或"二队"）全体员工。为不畏艰险，克服高山缺氧等困难，坚忍不拔，坚持科学找矿，取得重大成果的矿产勘查、矿山开发的所有罗布莎人庆功、点赞。

　　西藏自治区地质矿产勘查开发局第二地质大队，其前身称作"西藏121信箱"（简称"121信箱"），是原地质部铬矿会战指挥部下属的铬铁矿找矿勘查专业地质队伍，它汇集了来自新疆、内蒙古铬铁矿找矿勘查一线的各专业精英、管理人才和广大员工，是一个多民族团结、和谐的集体。其中的大部分专家和员工都曾参与新疆西准噶尔萨尔托海、鲸鱼矿区或达拉布特岩带、唐巴勒超基性岩体以及东准噶尔的铬铁矿找矿勘查工作，或参加过内蒙古贺根山、索伦山的铬铁矿勘查，提交了我国累计探获的绝大部分铬铁矿石资源储量。这是一支有丰富专业勘查经验的铬铁矿勘查专业队伍。

　　罗布莎超基性岩体铬铁矿勘查，一直受到国家的高度关注。为了使勘查工作能够顺利开展，在"文革"初期，国务院拨专款并调动曲松、加查两县的民工，修通了通往罗布莎铬铁矿区的高标准公路；1968年，依据中央的命令，采取措施，很好地保护了这支铬铁矿勘查专业队伍，保障了地质部铬矿会战指挥部与西藏自治区商定的铬铁矿石资源储量任务的完成，为其后罗布莎岩体铬铁矿探获资源储量的不断扩大打下坚实基础。

　　半个世纪以来，西藏二队历任各级领导和专业技术人员，都树立了始终坚持把罗布莎岩体的铬铁矿找矿勘查放在所有勘查工作的第一位的指导思想，倾全队80%以上的人力、物力、财力于罗布莎的铬铁矿找矿实践中。西藏二队的铬铁矿找矿工作也得到了西藏自治区各厅局的大力支持，尤其是中央第五次西藏工作会议之后，大家为在西藏提供铬铁矿开发基地倍加努力，终于取得了重大成果。

在历经五十载的转战中，除了抓住罗布莎不放手外，为了多找矿、找好矿、找大矿，勘查人员对雅鲁藏布江超基性岩带开展了面积性的矿产地质调查，全面收集了整个岩带的地质矿产及地球物理信息，对休古嘎布、日喀则、仁布、柳区、泽当、鲁见沟等几个主要的超基性岩体开展了地质调查和预查、普查工作。为在西藏自治区全面评价铬铁矿资源潜力提供了坚实的资料基础。

为了缓解我国铬铁矿资源短缺给国民经济和社会发展造成的压力，国土资源部和财政部在2011年决定开展3个急缺矿种的找矿勘查，铬铁矿就是其中之一。据此，中央地质勘查基金管理中心，立即组织了由老专家和年轻专家组成的项目组，承担"中国铬铁矿单矿种找矿战略选区研究"项目，开展了以罗布莎、萨尔托海为重点、覆盖全国所有蛇绿岩带的铬铁矿找矿战略选区研究。为此，从勘查实践出发，抓住西藏罗布莎超基性岩铬铁矿区勘查中于1977年总结的"含矿构造岩相带"这个最重要的信息点，结合国内西藏东巧西矿区、新疆萨尔托海矿区和鲸鱼矿区等主要铬铁矿区的矿带及雅鲁藏布江蛇绿岩带的矿化特征，从矿带的空间展布、形态产状、复杂的岩石组合、岩石矿物的构造形变特征、标志性矿物、构造破碎带及脉岩特征等多方面进行了深入的研究。研究人员注意到位于罗布莎岩体中沿走向中部展布的主要矿体，赋存在一条宽数十至数百米且有别于两侧岩相、岩石、构造、脉岩展布特征的狭长带内，这就是罗布莎岩体铬铁矿的赋存空间，称作中央含矿构造岩相带。经过此次考察，这个特征在国内的其他几个主要矿区，如西藏东巧西铬铁矿区、新疆萨尔托海铬铁矿区和鲸鱼铬铁矿区，均得到了验证。

中央含矿构造岩相带的特征可归纳为：在空间上，沿岩体长轴方向展布，在纯橄岩岩相带（φ_1）和斜辉辉橄岩夹纯橄岩岩相带（$\varphi_2 + \varphi_1$）接触带的斜辉辉橄岩岩相带一侧，靠近纯橄岩岩相带的部位。总体产状与岩体一致，且随岩体、岩相带的变化而变化。岩石岩相特征表现为斜辉辉橄岩和纯橄岩多呈厚薄不一的频繁交替出现，距矿越近交替越频。而其上下的纯橄岩岩相和斜辉辉橄岩岩相，则多以厚大纯净的单一岩性出现，构造形迹相对少些。岩石中见有呈树枝状的铬尖晶石和翠绿色的透辉石。近矿围岩的 M/F 高，造矿铬尖晶石的 MgO/ < FeO > 及 Cr_2O_3/Al_2O_3 明显高于附生铬尖晶石，且分布相对集中。这个带内，同时出现较多规模不大的构造破碎带和片理化带以及规模不大的辉长辉绿岩脉。近矿处蛇纹石化、绿泥石化等较强。矿体在其中成带分布，成群出现，分段集中，平面上多呈雁行状排列，剖面上则呈叠瓦状分布且具侧伏特征。矿体围岩以斜辉辉橄岩为主，占2/3以上，次为纯橄岩，多断层接触。地球物理特征表现为高磁低重力。

2014年1月，中央地勘基金管理中心办公室，组织由3位院士、矿床学家及国内知名铬铁矿找矿的地质和地球物理专家、学者组成的评审专家组的评审结论指出："第一次归纳出我国豆荚状铬铁矿的主要赋存部位是超基性岩中位于岩体长轴方向，多数在岩体中部含矿构造岩相带内具有超基性岩性变化频繁、构造变形突出、脉岩相对较多的特点……深部有较大找矿空间。"

评审组认为："该项目圆满完成了既定的工作任务。成果具有创新性、实用性，是对全国铬铁矿矿产勘查一次全面完整的总结和研究。研究成果在部署铬铁矿找矿工作安排上，有很强的可操作性。"

2016年6月，中国地质调查局的《中国铬铁矿资源调查报告》指出："中央含矿构造岩相带"实现了铬铁矿找矿思路的革命性突破，确定了找矿思路的发展和变化。找矿中逐步综合考虑了多种因素控矿的事实，在工程部署上更多地考虑控制矿带、矿群展布的构造因素，找矿效果明显。

在我国蛇绿岩带开展新一轮寻找豆荚状铬铁矿的工作中，找矿思路为"注重寻找超基性岩体中部既受构造控制，在岩相上又是镁质超基性岩体中以斜辉辉橄岩为主夹纯橄岩的岩相带，将其作为寻找铬铁矿的主攻方向"。即：在超基性岩体中的中央含矿构造岩相带内部署工程开展找矿工作。

勘查的实践，使我们的找矿思路更加接近客观，更加遵循地质规律指导找矿。取得的重大成果有：第一，较为科学系统地建立了以罗布莎岩体铬铁矿为代表的蛇绿岩型铬铁矿的找矿地质模型——中央含矿构造岩相带，它是岩体内主要工业矿体的赋存部位，是找矿勘查的主要方向和目标。这一认识得到了曾经在新疆、内蒙古以及西藏开展铬铁矿找矿的专家学者的认同。第二，据不完全统计，截至2015年底，在罗布莎岩体共探获铬铁矿矿石资源储量（已经评审备案的）近900万t，其中约800万t为优质冶金级铬铁矿石，找矿潜力巨大，尤其是香卡山矿区。第三，截至2015年底，投入的钻探工作量约20.8万m，坑道工程量8380m等。平均万米钻探工作量能探求约40万t铬铁矿石资源储量，远远高于新疆、内蒙古、甘肃等自治区或省的平均探获量，且品位也要高出许多。

早在危机矿山接替资源找矿启动之前，作者曾经指出，再用10万m钻探、1万米坑探工作量，在罗布莎岩体就能再提交100万~200万t优质铬铁矿。近些年的投入尚未达到 10 万 m 钻探，更没有达到 1 万 m 坑探，探获的铬铁矿资源量已经超过 300 万 t。可见罗布莎岩体的铬铁矿资源潜力巨大，预期其蕴藏的铬铁矿资源储量至少超过 1500 万 t。只要我们继续投入，定会有重大突破。

作者曾在新疆的唐巴勒、鲸鱼、洪古勒楞等岩体从事铬铁矿的找矿勘查。1967 年奉调进入西藏参与东巧西岩体的铬铁矿找矿勘查。1970 年参加罗布莎岩体铬铁矿区勘查工作十余年；期间，还组织完成了"西藏超基性岩铬铁矿初步总结"课题。21 世纪初，作为监审专家参与了罗布莎岩体铬铁矿危机矿山接替资源找矿的监审。随后，负责完成了中央地勘基金管理中心委托项目——"中国铬铁矿单矿种找矿战略选区研究"，并提交了研究报告，优选了找矿靶区、普查区和已知矿区再评价的矿区。此外，还应西藏二队邀请，担任罗布莎岩体铬铁矿勘查老矿山项目的顾问。本文是作者几十年铬铁矿找矿勘查的实践总结和体会，也是我国铬铁矿找矿艰辛历程的真实体现。几十年的努力和奋斗终于在罗布莎岩体铬铁矿的成功勘查中有了收获。

本书撰写过程中，所用的素材，除作者在各矿区工作时的成果及后来担任监审专家、顾问时收集的实际资料外，还充分利用了作者及张能军、任丰寿、崔金英、吴钦等新老专家共同完成的中央地质勘查基金管理中心项目——"中国铬铁矿单矿种找矿战略选区研究"的报告，参考了涉及罗布莎超基性岩体铬铁矿找矿勘查的各种报告以及中国地质科学院一些学者的研究成果。在此，向长期征战在罗布莎岩体铬铁矿找矿勘查野外一线的各单位领导、专家学者、全体员工致以诚挚的感谢！感谢编撰上述报告及研究成果的专家学者！感谢中央地质勘查基金管理中心的领导和专家给了我们总结我国铬铁矿找矿勘查经验教训的机会以及在我们研究过程中给予关心和指导。

漫长岁月中，罗布莎先后经历了多次不同目的、任务的勘查。为便于读者了解罗布莎超基性岩体铬铁矿勘查全过程，以及中央含矿构造岩相带这一蛇绿岩型豆荚状铬铁矿找矿标志的汇集、总结过程，特编撰了此书。由于时间仓促，笔者占有资源有限，书中挂一漏万在所难免，敬请读者批评、指正。书中引用的资料来自众多的专家学者，从不同的角度对西藏大地构造和蛇绿岩的划分和称谓不一，如藏南超基性岩带、雅鲁藏布江岩带、蛇绿岩带、缝合带、结合带等。本书保留了各自的划分和称谓，不作统一。

承蒙任丰寿先生在本书编撰过程中的关心和指导，提出了许多宝贵的意见和建议，在此表示诚挚的感谢！

目　　录

1　我国铬铁矿资源勘查开发综述

铬铁矿是战略性矿产资源，主要用来生产铬铁合金和金属铬。铬铁合金作为钢的添加料可用于生产多种高强度、抗腐蚀、耐磨、耐高温、耐氧化的特种钢。金属铬主要用于与钴、镍、钨等元素冶炼特种合金。这些特种钢和特种合金是航空、宇航、汽车、造船，以及国防工业生产枪炮、导弹、火箭、舰艇等不可缺少的材料。

我国铬铁矿的保有资源储量非常有限，是极缺矿种之一。但我国赋存铬铁矿的蛇绿岩套分布较广，面积可达近万平方千米。主要分布在我国的西部，构成几个巨型的岩带，尤以西藏雅鲁藏布江岩带和班公错－怒江岩带为最，面积可达 $6000km^2$ 以上。而新疆西准噶尔、东准噶尔及内蒙古贺根山和索伦山的蛇绿岩带，也都有一定的规模，是我国探获铬铁矿资源储量的主要地区。

为缓解我国铬铁矿资源短缺的状况，早在 1964 年，地质部就成立了铬矿会战指挥部。先是组织勘查队伍，对全国各地的超基性岩带开展了一次地质扫面工作。同时，选择了新疆的西准噶尔和东准噶尔作为重点，从内地调集了大量专业技术人员和工人，充实在西准噶尔的原新疆维吾尔自治区地质局第三地质大队（简称"新疆三队"）和在东准噶尔的原新疆维吾尔自治区地质局第五地质大队（简称"新疆五队"）。在获知诸省区的铬铁矿找矿效果不理想之后，指挥部果断调整布局，派出先遣小组，奔赴西藏，在雅鲁藏布江岩带和班公错－怒江岩带开展了铬铁矿找矿工作，终于在西藏取得了可喜的成果。

1.1　我国基性－超基性岩的分布

铬铁矿是个成矿专属性很强的矿种，它与基性－超基性岩密切相关。我国的基性－超基性岩分布如图 1.1 所示，在我国中东部主要分布有基性－超基性杂岩，而中西部则分布着大面积的蛇绿岩带。

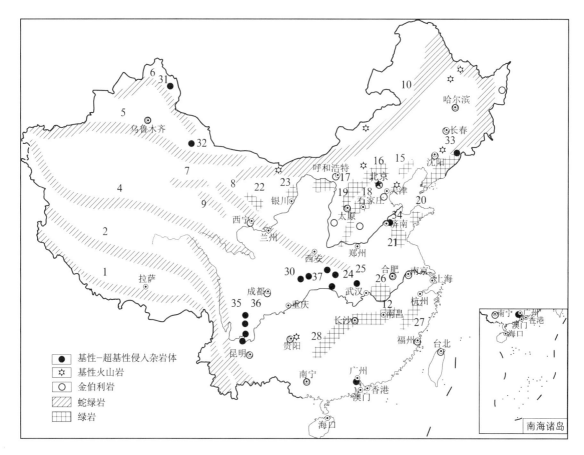

图 1.1　中国基性－超基性分布略图

(据姚培慧等，1996)

1—雅鲁藏布江－象泉河岩带；2—班公错－怒江岩带；3—金沙江－哀牢山岩带；4—昆仑山岩带；5—天山岩带；6—准噶尔岩带；7—阿尔金山岩带；8—祁连－北秦岭岩带；9—南祁连岩带；10—内蒙古－大、小兴安岭岩带；11—那丹哈达岭岩带；12—皖南岩带；13—台东岩带；14—辽东－吉南岩区；15—辽西岩带；16—燕山（冀北）岩区；17—内蒙古岩区；18—五台－太行岩区；19—吕梁岩区；20—胶东岩区；21—鲁西岩区；22—龙首山岩区；23—阿拉善岩区；24—豫西岩区；25—桐柏岩区；26—大别山岩区；27—浙闽岩区；28—赣桂岩区；29—郧枣岩体群；30—汉南岩体群；31—阿尔泰岩体群；32—哈密岩体群；33—磐石岩体群；34—济南岩体群；35—哀牢山杂岩带；36—攀西杂岩带；37—宜昌杂岩带；Ⅰ—蛇绿岩；Ⅱ—绿岩；Ⅲ—基性－超基性侵入杂岩体；Ⅳ—基性火山岩（新生代）；Ⅴ—金伯利岩

　　我国铬铁矿主要赋存在镁质超基性岩中，这些镁质超基性岩是构成蛇绿岩带的重要部分，主要分布在我国的中西部（图 1.2），有雅鲁藏布江－象泉河岩带（俗称藏南岩带）、班公错－怒江岩带（俗称藏北岩带）、中祁连南缘岩带、新疆西准噶尔岩带、东准噶尔岩带，内蒙古贺根山－索伦山岩带等。

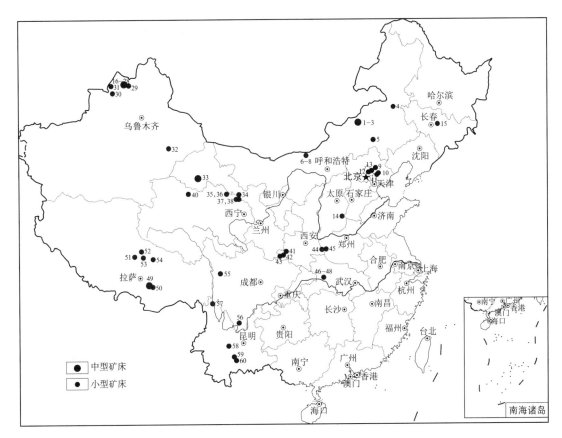

图 1.2　全国铬铁矿矿床分布示意图

(据姚培慧，1996)

　　这些岩带的规模不一，其中规模最大的当属雅鲁藏布江岩带和班公错 - 怒江岩带，分别延长超过 2000km，雅鲁藏布江岩带还是环球阿尔卑斯成矿带的重要组成部分。勘查成果显示，这两个岩带是我国赋存有铬铁矿矿床的主要岩带，我国目前查明铬铁矿资源储量最多的罗布莎超基性岩体，即位于雅鲁藏布江岩带的东段。

　　本项目确定作为重点的西藏、新疆、内蒙古 3 个自治区，也是我国主要的蛇绿岩带分布区。其中，已探获铬铁矿资源储量的有雅鲁藏布江岩带，班公错 - 怒江带；西准噶尔岩带；贺根山 - 索伦山岩带等。在中祁连南缘岩带也探获有规模较大的低品位铬铁矿资源量。

1.2 我国铬铁矿资源及勘查概况

我国铬铁矿的勘查，始于20世纪50年代初，最早是对吉林的开山屯、宁夏的小松山开展地质调查。在这之前，日本人曾在我国的东北、华北进行过调查。第二次世界大战之后，我国学者也曾做过一些地质调查工作。50年代中后期以来，为优先发展重工业，开始了急缺矿种铬铁矿的找矿工作。首先将内蒙古北部的乌兰察布市索伦山和锡林郭勒盟的赫格敖拉作为重点。随后，利用综合手段逐步扩展到内地诸省、自治区开展铬铁矿找矿。

随着我国国民经济和社会发展水平的不断提高，钢铁工业和化工、耐火材料工业对铬铁矿的需求越来越大。为保障国民经济和社会的可持续发展，经国家计委、国家经委同意，地质部于1964年组建了铬矿会战指挥部，开展全国的铬铁矿找矿勘查工作，取得了一定的成效。1974年至1980年，找矿重点放在了西藏山南地区，原因在于罗布莎取得了重大进展。这期间，全国共探获铬铁矿资源量673.8万t，其中罗布莎探获了404.45万t。全国查明的铬铁矿矿床、矿点如图1.2所示，但由于对铬铁矿的成矿机制、赋存条件认识不清，只知道是赋存在超基性岩中，强调岩相找矿，在岩体中找纯橄岩，在纯橄岩内找铬铁矿。

在对全国各地约80多个岩体、地段开展铬铁矿找矿勘查工作之际，亦对西藏开展了重点找矿。此时期共投入钻探162万余米，投入事业费2.11亿元。这是铬铁矿找矿投入的最高峰，截至1993年，共投入事业费33560万元，投入钻探工作量233万多米。但在大多数的勘查区内，没有取得预期的成果。

铬铁矿找矿实践表明，在我国14个省、市、自治区，探获有铬铁矿资源储量。探获铬铁矿资源量在100万t以上的省、市、自治区有4个，探获铬铁矿资源储量由多到少依次为西藏、新疆、内蒙古、甘肃；按探获富铬铁矿（平均品位$Cr_2O_3 > 32\%$）的资源量衡量，依次为西藏、新疆、甘肃、内蒙古。

1993年以后，国家基本没有开展铬铁矿的找矿勘查工作。直到21世纪，国务院决定开展危机矿山接替资源找矿工作，西藏国土资源厅根据罗布莎铬铁矿两个生产矿山保有资源量不能满足10年生产的需要，于2006年申请接替资源找矿项目获得批准，并于2007年先后启动两个矿山的接替资源找矿，才重新有了铬铁矿的找矿勘查工作。在西藏还有数千平方千米的超基性岩分布区没有开展铬铁矿找矿工作，新疆、内蒙古的铬铁矿找矿工作也还存在已勘查区工作程度不够、超基性岩体有待评价等问题，这是我国铬铁矿资源家底不清的主要原因。一方面，大面积分布的蛇绿岩带有待我们去勘查开发，而另一方面我国所需铬铁矿资源长期、大量依赖进口，受制于人。从西藏罗布莎超基性岩体铬铁矿近些年来勘查获得的丰硕成果来看，西藏藏南岩带的铬铁矿资源潜力巨大。

1.3   我国铬铁矿资源的开发情况

由于我国已查明的铬铁矿资源，主要分布在地表、浅部，埋深不大，采用的开拓方式多数是露天开采。对一些埋深较大的矿体，则是先露天后地下，如西藏罗布莎、新疆萨尔托海的 3 个矿山。而内蒙古贺根山矿区则为地下开采。

除罗布莎、东巧、萨尔托海等矿区建立了较正规的矿山有序开采外，绝大多数是民采。民采点仅将地表的大小矿体都采尽而已，基本没有做过勘查。

罗布莎矿区的两个矿山，目前的生产能力都大于 5 万 t/a，只是考虑到保有资源量有限，现在实行的是限产的措施，两个矿山现在实际年产量都在 6 万 t 左右。萨尔托海矿山也在开采，规模小于 5 万 t/a。

新近的踏勘发现，含铬超基性岩的地表矿体已开采殆尽，但不少岩体上，还有较多民企持有采矿证，这对勘查工作会造成较大影响。

2 西藏区域地质背景

2.1 区域构造格架

西藏所处大地构造部位属喜马拉雅 – 特提斯构造域，按板块构造学说的观点，西藏大地构造区划（图2.1）自南而北为：西瓦利克 A 型俯冲带（SA）、雅鲁藏布江缝合带（YS）、冈底斯 – 念青唐古拉板片（Ⅱ）、班公错 – 怒江缝合带（BS）、羌塘 – 三江复合板片（Ⅲ）、金沙江缝合带（JS）、南昆仑 – 巴颜喀拉板片（Ⅳ）。这里着重介绍与区内主要超基性岩铬铁矿密切相关的雅鲁藏布江缝合带（YS）和班公错 – 怒江缝合带（BS）。

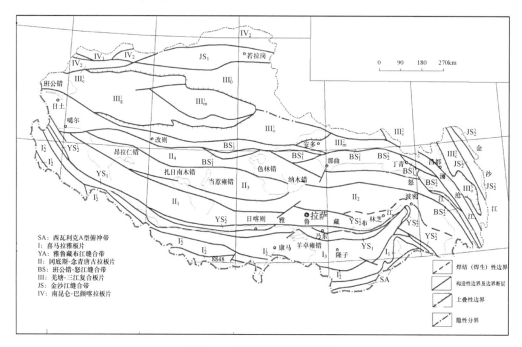

图 2.1　西藏大地构造分区图

(据西藏自治区地质矿产局，1993)

2.1.1　西瓦利克 A 型俯冲带（SA）

在西藏分布的是喜马拉雅板片，该板片是印度板块北部的陆源部分。它的范围在主边界断裂以北直至雅鲁藏布江缝合带南界的札达－拉孜－邛多江断裂之间。主边界断裂以南为西瓦利克 A 型俯冲带。

2.1.2　雅鲁藏布江缝合带（YS）

展布于札达－拉孜－邛多江与达机翁－彭错林断裂之间，西经阿依松日居延出国外，与克什米尔的印度河缝合带相接；往东南延伸到缅甸境内。该带以分布广泛的上三叠统修康群及白垩系日喀则群复理石混杂岩带和保存较完好的蛇绿岩套为特征，具有比较完整的碰撞缝合结构。蛇绿岩套包含两套不同性质的岩带：南带在仲巴－朗杰学一带，以拉昂错－霍尔巴一带出露最好，形成了大洋中脊构造环境，可能是新特提斯"楔形大洋"之所在，其主要发育于三叠纪晚期，在晚白垩世碰合侵位；北带以昂仁－仁布一带蛇绿岩为代表，具典型洋壳特征，其地幔岩熔融度较低，壳下岩浆房规模较小，席状岩墙（床）很发育。玄武岩包括有碱－钙碱性玄武岩和洋脊玄武岩，前者主要分布于蛇绿岩南侧，形成于晚侏罗世—早白垩世，反映大陆边缘裂谷或岛弧环境；后者主要分布于蛇绿岩北侧，形成于早白垩世，总的代表由陆缘裂谷缓慢扩张的小洋盆，在晚白垩世发生仰冲构成外脊，导致弧前盆地发育，在古近纪初消亡。该带复理石混杂体的形成与上述两条洋壳的消减有关，以达吉岭－昂仁－仁布主中央蛇绿岩冲断层为界，进一步划为仲巴－朗杰学陆缘移置混杂地体和日喀则弧前蛇绿岩地体（群）。

2.1.3　冈底斯－念青唐古拉板片（Ⅱ）

位于雅鲁藏布江缝合带和班公错－怒江缝合带之间。其陆壳基底和陆表建造具有与喜马拉雅板片相似的组构特征，因而它可能是早期冈瓦纳大陆北缘前陆的一部分。

2.1.4 班公错–怒江缝合带（BS）

北以班公错–康托–兹格塘错断裂为界，其南以革吉–果忙错断裂和隆格尔–纳木错–仲沙断裂的东段（纳木错以东）为界。该带主要由规模巨大的蛇绿岩及混杂岩带构成，东西向长达 2000km，西端自班公错始，经改则、丁青，向南沿怒江延接滇西瑞丽江和缅甸的抹谷带。该蛇绿岩的地球化学特征表明，其洋壳带具有初始洋盆性质，发育有彼此孤立的小规模分异岩浆房，反映出某种不稳定的有限扩张环境，并具有从离散大陆边缘向活动岛弧转化的特点。这些蛇绿岩体，由于后期侵位时发生构造肢解而呈现出数量不等的（1～3 种）岩石组合。在日土、洞错、东巧和丁青等地可见较完整的蛇绿岩组合。自西而东，它们侵位于下—中侏罗统木嘎岗日群、中—上侏罗统拉贡塘组、中侏罗统柳湾组、三叠系和加玉桥群中，最高层位为上白垩统。可划分为：日土–丁青边缘海蛇绿岩地体（群）和那曲–加玉桥前缘移置地体（群），二者以日土–改则–丁青断裂为界。

2.1.5 羌塘–三江复合板片（Ⅲ）

以班公错–怒江缝合带（BS）和金沙江缝合带（JS）为边界，其构造建造特征显示为异域复合地体。

2.1.6 金沙江缝合带（JS）

总体表现出古特提斯洋壳亲缘型地体的构造特征。

2.1.7 南昆仑–巴颜喀拉板片（Ⅳ）

总体呈一倒三角形展布。板片的南（西）边界和北界较为清楚，前者为金沙江缝合带（JS）；后者为康西瓦–中昆仑缝合带（ZS），板片的东部边界情况比较复杂，其北段大致以龙门山推覆带断裂为界，具有左行转换–A 型俯冲带性质，作为地壳板片的构造边界，其分割性是很明显的。南段的边界尚不能完全肯定，有两种可能。

以上四个板片的边界，主要是特提斯闭合遗迹，由雅鲁藏布江缝合带、班公错－怒江缝合带、金沙江缝合带形成地壳间的地体拢合结构。

2.2　主要蛇绿岩带展布特征

2.2.1　蛇绿岩岩带划分

西藏地区位于喜马拉雅－特提斯大地构造域中的藏青滇碰撞系内，其中超基性岩比较发育。据其侵位时代可分为 5 期，即前华力西晚期、华力西晚期—印支期、印支期、燕山期和燕山晚期—喜马拉雅早期。空间上主要沿雅鲁藏布江缝合带、班公错－怒江缝合带成带成群分布，其次沿金沙江缝合带分布。以往习惯上称沿雅鲁藏布江缝合带分布的为藏南超基性岩带，其他统称为藏北超基性岩带。

2.2.2　主要蛇绿岩带展布特征

西藏蛇绿岩带分布总面积达 5052.3km^2。蛇绿岩组合包括放射虫硅质岩、席状辉绿岩岩墙（岩床）和玄武质熔岩、高层位辉长岩、基性－超基性堆晶岩、地幔橄榄岩等。它们主要分布在雅鲁藏布江缝合带、班公错－怒江缝合带内，其次分布在金沙江缝合带内。由于西藏蛇绿岩生成的时空跨度大（含前华力西晚期、华力西晚期—印支期、印支期、燕山期和燕山晚期—喜马拉雅早期），以往的划分都只考虑空间的展布特征。据蛇绿混杂岩的分布，将其划分为：象泉河－雅鲁藏布江蛇绿岩带（藏南蛇绿岩带）；班公错－怒江蛇绿岩带（藏北蛇绿岩带）。

2.2.2.1　藏南蛇绿岩带

即象泉河－雅鲁藏布江蛇绿岩带，该带展布大体沿象泉河－雅鲁藏布江深大断裂，西部以扎西岗、噶尔、巴尔、冈仁波齐峰以南的断裂和马攸木拉、罗波峰以北的断裂带为界，与雅鲁藏布江中部流域相连；岩带东部界线经当雄、嘉黎南10km沿易贡藏布向东经波密南 30km 处，穿过察隅河出境到缅甸。岩带以北包括那曲、阿里部分地区，其带以南包括了藏南的林芝、山南、日喀则及阿里部分地区。据各岩体产出位置及分布特征可分为东、中、西 3 段，共 6 个亚带，简述如下。

a. 东段：岩带东段分为扎囊-曲松-墨脱亚带、措美-隆子亚带和阿帕龙亚带。①扎囊-曲松-墨脱亚带，自西而东，由扎囊县向东经曲松县、朗县、米林、林芝至墨脱背崩一带，全长405km；②措美-隆子亚带，位于曲松县以南70km左右，呈近东西向展布，长约70km；③阿帕龙亚带，位于墨脱县南东100km左右的阿帕龙一带，长约50km。

b. 中段：该段只有一个萨嘎-日喀则-曲水亚带，东西长645km。

c. 西段：该段自老武起拉至仲巴一带岩体随主断裂呈北西-南东向展布，并分为近似平行的相距20～45km的两个亚带。位于北侧者称丁波-马攸木拉亚带，长450km，宽80km；位于南侧者称札达-马泉河亚带。

2.2.2.2 藏北蛇绿岩带

展布方向近东西。在象泉河-雅鲁藏布江、班公错-东巧-怒江两个大断裂之间近400km范围内，不但有零星岩体出露，而且在申扎-纳木错一带，集中分布有14个岩（体）群。在班公错-东巧-怒江以北的可可西里仍有蛇绿岩分布，该带岩体往藏东沿怒江断裂展布方向为北西向出露。此带内划分了9个亚带，除Ⅳ亚带西亚尔岗、角木日、玛依岗日岩体属前华力西晚期外，其余均属燕山期。分述如下。

a. 狮泉河-申扎-嘉黎蛇绿岩带：狮泉河-纳木错-嘉黎碰撞结合带，位于南侧的措勤-申扎晚侏罗世—早白垩世复合弧后盆地和北侧的班戈-八宿火山岩浆弧带（J—K₁）之间。该带北西自狮泉河，向南东经麦堆、阿索、果忙错、孜挂错、格仁错，经申扎永珠、纳木错西，再向东经九子拉、嘉黎、波密等地，延伸上千千米，宽3～35km，呈近东西方向展布，亦是一条区域性大断裂带、一条重要的地层分区界线，向西被塔什库尔干-噶尔大型走滑断裂截接。蛇绿岩呈断续状出露，主要分布在阿里地区狮泉河，尼玛县邦多区阿索，申扎县北永珠、格仁错，当雄县纳木错西岸，嘉黎县久之拉等地。

b. 班公错-怒江蛇绿岩带：该结合带西起班公错，向东经改则、尼玛、东巧、索县、丁青、嘉玉桥折向南至八宿县上林卡再向南沿怒江进入滇西，在西藏境内长2800km、宽5～50km。结合带北侧边界为班公错-康托-兹格塘错断裂，断层面向北倾，逆冲断层性质。结合带南侧为日土-改则-丁青断裂，断层面向北缓倾，具逆冲断层性质，呈北西西—东西展布，延长1800余千米，是一条超壳型断裂带。结合带主体由规模大的蛇绿岩与蛇绿混杂岩、东恰错增生弧、聂荣残余弧、嘉玉桥增生弧等组成。

c. 金沙江蛇绿岩带：该结合带贯穿国内西藏、青海、四川、云南四省（区），大体沿羊湖－西金乌兰湖－通天河－金沙江一带分布，总体由北段的近东西向分布转向南段的南东走向，延伸长达1800km，它是多个地层分区的重要构造地质界线。西藏境内该带主要出露有嘎金雪山群，以发育超镁铁岩、超镁铁堆晶岩（辉石岩－纯橄岩）、辉长辉绿岩墙群、洋脊型玄武岩为特征，是结合带的主带。

2.3 主要蛇绿岩带地质构造特征

2.3.1 藏南蛇绿岩带地质构造特征

2.3.1.1 藏南蛇绿岩带地质剖面

中国冶金地质总局第二地质勘查院在西藏山南地区程巴矿区勘查时，不止一条剖面揭露了藏南蛇绿岩带的泽当岩体与冈底斯花岗岩带的关系（图2.2）。

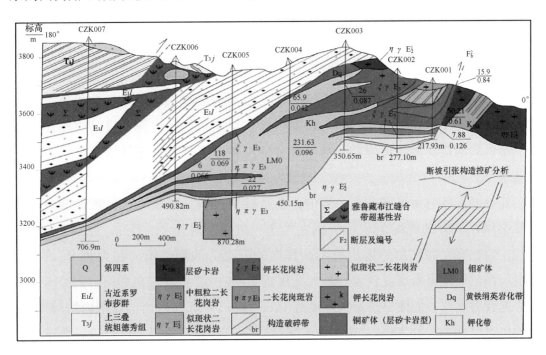

图2.2 泽当超基性岩体与花岗岩带的接触关系

（据黄树峰等，2010）

图 2.2 剖面，将上三叠统姐德秀组、泽当超基性岩体、古近系罗布莎群、钾长花岗岩、钼矿体、铜矿体，以及不同期次的二长花岗岩间的相互关系，反映得较为清楚。只是图内超基性岩体中的罗布莎群的产状及相互关系圈连不尽合理。

藏南蛇绿岩带分为东段、中段、西段。

a. 东段：分布在仁布以东至雅鲁藏布江大拐弯一带，有南、北两个蛇绿岩亚带之分，这里所述的实际上就是北亚带，而南亚带被称作朗杰学增生楔。该亚带紧邻冈底斯火山－岩浆弧带南缘展布，主要出露于泽当、罗布莎、加查、朗县和雅鲁藏布江大拐弯等地，称作罗布莎岩群（T—K），围岩为上三叠统修康群（T_3）和上侏罗统—下白垩统嘎学群（J_3—K_1）变质及变形的复理石建造，含蛇绿岩岩块、硅质岩及二叠系大理岩等岩块。蛇绿岩断续出露，虽然剖面不完整，但地幔橄榄岩、堆晶岩及辉长－辉绿岩墙或岩脉及枕状玄武岩等蛇绿岩单元仍较发育，尤其以罗布莎含铬铁矿的地幔橄榄岩而闻名，岩石地球化学具有 E/N－MORB、OIB 和 IAB 型蛇绿岩特征。

近些年来在区内采集了不少用于测定年龄的样品。罗布莎及其临近的泽当蛇绿岩中，采用不同方法测得，辉绿岩、枕状玄武岩、辉长－辉绿岩的年龄在（145.7±2.5）Ma～（177±31）Ma 之间。泽当蛇绿岩硅质岩中放射虫化石组合时代为晚侏罗世—早白垩世和中—晚三叠世，通过以上资料分析，其形成时代为 PZ、T_3—K_1 等。

b. 中段：东起仁布、白朗、拉孜、昂仁，西延至萨嘎，呈东西向沿雅鲁藏布江沿岸带状展布约 600km，北侧与日喀则弧前盆地相接，南侧与喜马拉雅地块相邻。带内的构造变形作用强烈，基本可分划出蛇绿混杂岩、俯冲增生杂岩和高压变质带等。

蛇绿岩：各单元出露齐全，集中分布且较为典型，是至今已知雅鲁藏布江结合带中保存较好的蛇绿岩地段。在大竹卡、白岗、得几乡、路曲、吉定、汤嘎、昂仁、恰扎嘎、郭林淌等地均有不同程度的发育，地幔橄榄岩在大竹卡、白岗、吉定、昂仁等地出露宽度较大，最大宽度近 20km；堆晶杂岩在白岗、大竹卡、吉定等地较为发育，剖面出露最大厚度近 1km；辉长－辉绿岩墙群在带内均较发育，剖面出露厚度最大近 700m。在大竹卡蛇绿岩中见有斜长花岗岩，产于堆晶杂岩层序的最顶部和席状岩床（墙）群的下部，呈不规则的小岩枝、囊状体或岩滴状产出。依据前人研究与近年来 1∶25 万日喀则市幅、墨脱县幅区域地质调查等成果，在得几乡蛇绿岩剖面发现的玻安岩，以及雅鲁藏布江东段蛇绿岩带中发现的玻安岩，使得研究人员认为区域蛇绿岩的形成与"岛弧环境"有关，应是"弧后扩张"的构造地质背景。

据 1:25 万拉孜县幅，拉孜地区砂泥质混杂岩的硅质岩块中发现较丰富的中—晚三叠世和晚侏罗世—早白垩世放射虫组合采自大竹卡蛇绿岩中斜长花岗岩的锆石 U – Pb 年龄为 139Ma（王希斌等，1987）；对日喀则蛇绿岩的基性岩浆岩单元进行了 U – Pb 测年，其结果为（120 ± 10）Ma。

俯冲增生杂岩：该杂岩带组成非常复杂，由混杂岩和地层性岩片构成。混杂岩主要为上三叠统修康群（T_3）和上侏罗统—下白垩统嘎学群（J_3—K_1），属于斜坡 – 深海盆地相的复理石砂板岩和放射虫硅质岩 – 硅泥质岩夹块状（枕状）玄武岩等火山 – 沉积建造，并混杂有大量二叠纪、三叠纪、侏罗纪—白垩纪碎屑岩或灰岩和蛇绿岩等岩块。

c. 西段：分布于萨嘎以西，西延出国境，总体呈北西西向展布。该带被夹持其间的仲巴 – 札达地块分隔为南、北两个亚带。

南亚带，分布于仲巴 – 札达地块以南，东起萨嘎，向西经仲巴（南）、拉昂错，至札达则为上新世—更新世沉积物所掩盖，东西向长约 600km。带内蛇绿岩及其蛇绿混杂岩各单元的出露不完整，缺失较为完整的蛇绿岩剖面，但蛇绿岩的规模大；尤其是地幔橄榄岩，规模很大，分布面积广。带内是以晚三叠世—白垩纪修康群（T_3）和嘎学群（J_3—K_1）主体为一套斜坡 – 深海盆地相的复理石砂板岩和放射虫硅质岩夹玄武岩等火山 – 沉积建造为基质，以大量石炭纪、二叠纪、三叠纪、侏罗纪—白垩纪碎屑岩或灰岩和变形橄榄岩、堆晶辉长岩、岩墙群等为岩块组成的混杂岩带。

据采自复理石砂板岩中的古生物化石和硅质岩中的放射虫组合，并结合蛇绿岩带中的同位素年代学数据：据 2002 年的 1:25 万萨嘎县幅，洋岛型玄武岩 K – Ar 年龄为（168.49 ± 17.41）Ma、洋岛型辉长岩 K – Ar 年龄为（190.02 ± 19.12）Ma；据 2004 年的 1:25 万札达县 – 姜叶马幅和 1:25 万普兰县 – 霍尔巴幅，拉昂错伟晶辉长岩脉中的钙斜长岩 ^{40}Ar/^{39}Ar 年龄为 127.85Ma，休古嘎布变辉绿岩中角闪石的 ^{40}Ar/^{39}Ar 年龄为（125.21 ± 5.33）Ma 等。初步认为西段南亚带蛇绿岩的形成时间为早侏罗世—早白垩世。如果考虑到混杂岩带中晚三叠世及晚白垩世放射虫硅质岩的大量分布，则洋盆发育的时限可能为晚三叠世—晚白垩世。1:25 万桑桑区幅 – 萨嘎县幅（2003）和普兰县幅 – 霍尔巴幅（2004）区调新发现的古新世—始新世半深海 – 深海相碎屑岩、灰岩、放射虫硅质岩夹玄武岩（获得玄武岩 K – Ar 年龄

（52.85±1.38）Ma、（78.81±1.67）Ma）沉积物，则代表了新特提斯雅鲁藏布江洋盆的残留海盆地沉积及其时限。

北亚带分布于仲巴－札达地块以北，东起萨嘎，向西经如角、公珠错、巴噶、门士，至扎西岗以南，西延出国境，东西向长约800km，总体呈北西西转北西向的窄带状展布。带内具有与南亚带一致的特点，蛇绿混杂岩各单元的出露不完整，缺失较为完整的蛇绿岩剖面，蛇绿岩的规模和出露面积也较南亚带要小。在达吉岭、松多、如角、巴噶等地，主要分布有蛇绿岩下部层序的地幔橄榄岩和辉长－辉绿岩墙群，局部地区上覆出露枕状/块状玄武岩和放射虫硅质岩。带内以一套侏罗纪—白垩纪的斜坡－深海盆地相的复理石砂板岩和放射虫硅质岩夹玄武岩等火山－沉积建造为基质，混杂有大量的石炭纪、二叠纪、三叠纪、侏罗纪—白垩纪碎屑岩或灰岩和变形橄榄岩、辉长辉绿岩岩墙等岩块。与南带相比，缺少三叠纪混杂基质。

2002年的1:25万萨嘎县幅和2004年的1:25万札达县－姜叶马幅、普兰县－霍尔巴幅显示蛇绿岩及其洋盆的发育时限为侏罗纪—白垩纪，而在加纳崩和龙吉附近红色泥晶灰岩的岩块中发现有丰富的深水型有孔虫化石，与喜马拉雅被动边缘盆地甲查拉组（E_{1-2}）中的浅水型浮游有孔虫的时代一致，代表了雅鲁藏布江洋盆的残留海盆地沉积及其时限。秋乌组（E_2）以前陆盆地中的一套海陆交互相含薄煤层碎屑岩系不整合覆盖为特征，标志着残留海盆地彻底消亡，进入陆内造山过程。

2.3.1.2　蛇绿岩发育特点及其构造环境

该带分布有众多的蛇绿岩体，按其侵入特点大致有3种情况：一是在结合带闭合时发生仰冲而形成上冲混杂体，如昂仁－仁布一带、乃东、德布日等地的蛇绿岩；二是闭合时发生推覆，在陆缘构成推覆侵位体，如拉昂错附近的蛇绿岩；三是被构造肢解的小岩体，多夹持于混杂岩带之中。其中昂仁－仁布的蛇绿岩上冲混杂体保存了较完好的洋壳结构。吉定也弄蛇绿岩剖面层序为：变质橄榄岩、堆晶杂岩、席状岩墙（床）群、基性火山熔岩（枕状熔岩）及硅质岩，在大竹卡区等地还可见岩浆房分异的最后产物——钠长花岗岩，可与世界上典型的蛇绿岩剖面对比。

变质橄榄岩主要有3种岩石组合类型：①斜辉辉橄岩－纯橄岩－二辉橄榄岩；②斜辉橄榄岩－二辉橄榄岩；③斜辉橄榄岩。

①常见于东段罗布莎及西段拉昂错一带的蛇绿岩中，按其熔融程度属高熔残余类型；②、③主要见于仁布－昂仁一带的蛇绿岩，属低熔残余类型。变质橄榄岩的镁铁比（M/F）为5.92～17.56，平均9.74；$MgO/(MgO+<FeO>)$为0.72～0.92，平均0.85；总体表现出蛇绿岩从西向东存在由高镁低铁向低镁富铁演变的趋势。其地球化学分析结果以高度亏损稀土和其他不相容元素为特征。其中二辉橄榄岩接近地幔的稀土丰度，代表低熔融的地幔残余。变质橄榄岩的锶初始化值$^{87}Sr/^{86}Sr$为0.70802～0.71862，与世界上多数蛇绿岩的地幔橄榄岩相比，比值范围相近。

堆晶杂岩呈现出垂直分异及分异结构特征，可归纳为3种分异堆积系列：①（含透辉石）纯橄岩－单辉（二辉）橄榄岩－橄榄异剥岩－辉长岩；②（含长）纯橄岩－含长异剥橄榄岩－橄长岩－辉长岩－斜长花岗岩；③辉长岩。

与下伏变质橄榄岩或连续过渡或断层接触。超基性堆晶岩镁铁比值（M/F）为6.30～9.70，$MgO/(MgO+<FeO>)$为0.75～0.87，平均0.81；基性堆晶杂岩M/F多为1.1～3.04，$MgO/(MgO+<FeO>)$为0.23～0.70，显示出地幔成因的特点；其稀土丰度由下而上不断升高，与岩浆分异趋势一致，上部的均质辉长岩比层状辉长岩稀土丰度高出5～24倍，说明是分异晚期的产物；锶初始比值（$^{87}Sr/^{86}Sr$）为0.7037～0.70577，其变化范围小，表现出堆晶杂岩具有同源区的特点。

席状岩墙（床）群由基性浅成岩如辉绿岩、粒玄岩、辉绿玢岩、细晶辉绿岩及细碧岩组成。一般位于堆晶杂岩的顶部，与上覆枕状熔岩无截然界线；或侵入于枕状熔岩中，部分发育在堆晶岩的下部或变质橄榄岩中，接触界线截然，显示出明显的后成标志。由此可见席状岩墙（床）群是多次岩浆作用的产物，并可延续到枕状玄武岩形成之后。

枕状熔岩属拉斑玄武岩系列，具有高钾低钛的特征；Na/K原子比小于10，分析结果属大洋拉斑玄武岩。其固结指数（SI）有40、30、20这3个数值范围，前者是原始玄武岩浆的产物，后两个是经分异而成的。枕状熔岩与席状岩墙化学成分相似，但与堆晶杂岩略有不同，说明是不同源的岩浆形成的。枕状熔岩的锶初始比值为0.70207～0.70564。

该蛇绿岩带在东西向上有明显不同。东部的德布日蛇绿岩，其伴生火山岩为细碧角斑岩－安山玄武岩组合；乃东蛇绿岩则侵位在一套白垩纪岛弧火山岩中，由变质橄榄岩与辉石岩、辉长岩、石英闪长岩等岩浆杂岩组成，不具明显的火成堆积结构。而缝合带西段则明显展布着两条蛇绿岩带，北带蛇绿岩大致沿阿依松日居分布，与昂仁－仁布蛇绿岩带相当；南带蛇绿岩分布于拉昂错－霍尔巴一带，主要以地幔岩为主，其稀土含量高于北带一倍以上，接近球粒陨石丰度，配套的拉斑玄武岩稀土分配型式为平坦型，类似于洋脊玄武岩，总的特征类似于大洋中脊形成的蛇绿岩，覆盖其上的硅质岩含晚三叠世放射虫化石。因此，该缝合带的蛇绿岩难以归结为一条简单的扩张带，而可能存在复杂的构造背景和活动特点。其北带蛇绿岩代表着晚侏罗世—早白垩世由陆缘裂谷扩张而成的小洋盆，南带蛇绿岩则可能是从三叠纪开始扩张而形成的大洋洋壳带的遗迹。两者共同构成新特提斯的主洋壳带，总体呈现出洋壳亲缘型地体的性质。

2.3.1.3 岩体规模、分带性（次级岩带）及岩体分布特征

藏南岩带是阿尔卑斯－喜马拉雅构造带的一部分，东起南迦巴瓦地区，西至拉达克，长约 2000km。呈带状分布。

岩带共分 6 个亚带，71 个岩体群，161 个岩体，出露面积 3361.48km^2，占全区超基性岩体出露总面积的 66.53%。其中扎囊－曲松－墨脱亚带的泽当－朗县岩段，共有 16 个岩体群，是目前已知含矿性最好的岩体集中产出地段。

藏南岩带依据各岩体产出位置及地质特征可分为 3 段，见表 2.1。

表 2.1　西藏藏南岩带各段特征表

段名		西段	中段	东段
位置		中印边界—仲巴	仲巴—仁布东	曲水—中缅边境
走向		NW－SE	E－W	NW－SE
岩（体）群	个数/个	18	22	31
	规模	一般长 15～23km，宽 5～15km，最大者 945km^2	一般宽 2～3km，最宽 8km，最大者 940km^2	罗布莎、泽当岩体较大，大于 50km^2，其余都小
	岩片形状	条带状、不规则状	条带状、似脉状、透镜状	透镜状
蛇绿岩套完整情况		不完整	较完整	部分较完整

岩带内含矿岩体主要集中于东段，目前已知中段和西段含矿岩体较少。目前认为整个岩带主要的含矿岩体有罗布莎岩体、仁布岩体、秀章岩体、泽当岩体、日喀则岩（体）群、休古嘎布岩体、东坡－普兰岩体和日康巴岩体等。现就东、中、西 3 段简述如下。

a. 东段地质特征：岩带东段有扎囊－曲松－墨脱亚带、措美－隆子亚带和阿

帕龙亚带，其中含矿的只有前者，是目前国内铬铁矿资源最丰富的亚带。

扎囊－曲松－墨脱亚带近东西向展布，东西长达 405km，包括 27 个岩（体）群，已发现含矿岩体 6 个，分别是泽当西岩体、泽当东岩体、罗布莎岩体、鲁见沟岩体、边卡沟岩体和秀章岩体。以罗布莎岩体、泽当西岩体和秀章岩体为代表。

b. 中段地质特征：本段只有萨嘎－日喀则－曲水亚带，东西长 645km，共 22 个岩（体）群，岩体多呈脉状、条带状、透镜状，岩石类型多为斜辉橄榄岩型，少数岩体为斜辉辉橄岩－纯橄岩类型。含矿岩体已知有 5 个，分别是桑桑岩体、日喀则西岩体、日喀则东岩体、仁布西岩体和仁布东岩体，含矿性较好的是仁布东岩体，其次是仁布西岩体和日喀则西岩体。

c. 西段地质特征：岩带西段包含两个亚带，即丁波－马攸木拉亚带和札达－马泉河亚带，呈北西－南东向平行展布，长 450km，宽 80km，共 18 个岩（体）群。其中札达－马泉河亚带岩体规模较大，多为不规则状岩片。最大的普兰岩体长 70km，最宽 15km，面积达 $600km^2$。岩体多被新生界覆盖。丁波－马攸木拉亚带岩体受阿依拉山断裂控制，断裂南倾，岩体多呈长条状，规模小，11 个岩（体）群，总面积只有 $213km^2$。

2.3.1.4　岩石蚀变

总体来看，藏南各岩体岩石蚀变作用较强，蚀变主要为蛇纹石化、绿泥石化，次为滑石化、碳酸盐化。岩体与围岩热变质不明显，岩体内部发育变形组构，反映岩体具有深成强力就位特点。次为硅化－碳酸盐化作用与水镁石化作用，还见有少量叶蛇纹石化作用、滑石化作用及黏土化作用。其中蛇纹石化作用十分强烈，并进行得十分彻底，发育于各种类型的超基性岩中；硅化碳酸盐化作用在岩体内发育比较普遍，其成因主要与构造作用和后期热液作用有关，部分可能与表生作用有关。

2.3.1.5　岩石化学特征

据藏南主要超基性岩岩石化学特征及主要参数表的 27 个样分析结果统计表明：纯橄岩 M/F 比值为 8.59～17.56，加权平均为 12.75；基性度（M＋F）/Si 值为 1.47～2.0，加权平均为 1.79。38 个斜辉橄榄岩样（含辉石岩） M/F 比值为 8.6～12.86，加权平均为 9.37；基性度（M＋F）/Si 值为 1.46～1.68，加权平均为 1.56。13 个二辉橄榄岩（含二辉岩）样 M/F 比值为 4.16～9.94，加权平均为 7.28；基性度（M＋F）/Si 值为 0.6～1.75，加权平均为 1.24。6 个基性辉长岩样 M/F 比值为 1.14～3.04，加权平均为 2.30；基性度（M＋F）/Si 值为 0.27～0.44，加权平均为 0.37。

由上可见，基性辉长岩－二辉橄榄岩（含二辉岩）－斜辉橄榄岩（含辉石岩）－纯橄岩的 M/F 比值和基性度（M＋F）/Si 值依次增高。目前已发现有大型铬铁矿的罗布莎岩体中，M/F 比值和基性度（M＋F）/Si 值均比较高，说明 M/F 比值和基性度（M＋F）/Si 值高是铬铁矿富集成矿的主要特征。据此，大竹卡岩体中，M/F 比值和基性度（M＋F）/Si 值均特高，应在今后找矿工作中引起高度注意。

2.3.1.6　伴生铂族元素和其他

该带罗布莎超基性岩体中，124 个矿体 799 件样品的试金分析结果表明，铬铁矿矿石内普遍含有铂族元素，以锇、铱、钌为主。不同矿石类型的铂族元素总含量有着明显差别。如纯橄岩岩相带浸染型矿体，其含量为 0.05～0.0138g/t，并随着矿石中 Cr_2O_3 含量的升高而增加，它们之间呈正消长关系。而在罗布莎矿区的 119 个矿体 492 件样品中，铂族元素总量为小于 0.1～2.61g/t，平均为 0.495g/t；在香卡山矿区 5 个矿体 307 件样品中，铂族元素总量在 0.264～1.115g/t 之间，平均为 0.564g/t。分析结果表明，岩体中的不同岩石普遍含铂族元素，但含量仅是矿石中的十分之一略高。

在罗布莎铬铁矿区的超基性岩石和铬铁矿石中，还发现了金刚石和柯石英等下地幔的矿物。1980 年初，在 Ⅰ 矿群 Cr－11 矿体中发现了两颗金刚石矿物，分别为无色、淡绿色八面体，含 C 量接近 100%，粒径约 0.1mm，为等轴晶系，晶胞常数为 3.5592。21 世纪以来，在罗布莎铬铁矿体的锇铱矿中发现原位金刚石，且是高温高压的产物。在同一岩体的康金拉矿区、香卡山矿区的铬铁矿体中也都见到金刚石，还在赋矿的地幔橄榄岩中也发现了金刚石等地幔矿物。在俄罗斯极地乌拉尔的拉依兹岩体铬铁矿体中也发现了与罗布莎岩体中类似的金刚石超高压矿物群，该岩体已查明铬铁矿资源量 1.9 亿 t（杨经绥等，2004）。这种发现，对罗布莎深部找大矿提供了可能性，也为探讨铬铁矿的成因提供了新的重要证据。

2.3.2　藏北蛇绿岩带地质特征

藏北地区（含藏东地区）位于特提斯藏青滇碰撞系的北部，其中超基性岩比较发育，有面状展布之势，并多成带成群分布，目前已发现岩（体）群116个，单个岩体250个，总出露面积达1842.3km²。它们主要沿班公错－怒江缝合带分布，其次沿金沙江缝合带和班公错－怒江缝合带南北两侧深断裂分布。现由南而北分述如下。

2.3.2.1　蛇绿岩带组合特征

a. 班公错－怒江超基性岩带：该带沿班公错－怒江缝合带断续成群分布，其北侧为羌塘－三江复合板片，南侧为冈底斯－念青唐古拉板片。该岩带西起班公错，向东经改则、东巧、丁青，然后折南东，沿怒江延伸到滇西瑞丽江，同缅甸的抹谷带相连，全长达2000余千米。从西到东岩体沿缝合带断续成群分布，据其地质特征的差异可进一步划分以下5个亚带。

班公错－昂龙岗日亚带：位于班公错－怒江缝合带的西端，由14个岩（体）群共41个单个岩体组成，出露面积245.6km²。岩体在日土以西地区，侵位于下白垩统甲岗群，其岩性下部以碎屑岩为主，夹灰岩及火山岩，局部可见放射虫硅质岩；中部为碎屑岩、泥灰岩、礁灰岩以及圆笠虫灰岩；上部为块状灰岩、鲕状灰岩、砂质灰岩、碎屑岩、中基性火山岩放射虫硅质岩等。岩体的南北界与下白垩统呈断层接触关系。在日土以东地区，除了部分岩体侵位于下白垩统外，还有中侏罗统日松群答波组（郭铁鹰等，1991），该套地层以砂板岩组成的复理石沉积为主，并夹有灰岩，在班公错东岸还采到珊瑚化石。此外，在答古图穷到巴尔穷一带，部分岩体侵位于下二叠统，其岩性为变质砂岩、板岩、含砾板岩、变质石英岩等，其中夹有中基性火山岩和凝灰岩等，与岩体呈构造接触关系或侵入接触关系。岩体形态主要呈长条状和不规则透镜状，岩体主要集中分布在班公错南侧和昂龙岗日西北侧。

班公错南侧岩体群，西从国界东至日土，由8个岩（体）群32个单个岩体组成。岩体出露规模0.03～13km²。岩体岩石类型，因岩石蛇纹石化、碳酸盐化较强，原岩较难恢复，主要是全蛇纹石化斜辉辉橄岩。仅门曲囊岩体和董吉日岩体为含纯橄岩异离体的斜辉辉橄岩，其中均发现有铬铁矿化，如：董吉日岩体（由18个小岩体组成），出露面积约2km²，含稠密浸染状铬铁矿转石（仅一块长10cm的转石，其造矿铬尖晶石为富铁铬铁矿）；门曲囊岩体，出露面积0.6km²，纯橄岩中局部见有致密块状铬铁矿转石，块度大者长3.5m、宽0.7m，小者小于10cm×5cm。另外还有个别岩体由含单斜辉石（含量5%）的斜辉橄榄岩组成，如查拉布拉岩体。

昂龙岗日西北侧岩体群，由 5 个岩（体）群 11 个单个岩体组成。其中两个大岩体出露规模达 30km²，均已全蛇纹石化，其余岩体规模较小，多为二辉橄榄岩或含长二辉橄榄岩，均未发现铬铁矿化。

改则 – 来多强玛亚带： 由 8 个岩（体）群（其中 4 个无资料）23 个单个岩体组成。岩体沿着拉果错 – 扎加藏布断裂构造断续分布，侵位地层为下侏罗统木嘎岗日群，岩性为千枚岩、变质砂岩等。在西部古昌一带及改则附近，岩体侵位于下白垩统，个别岩体被古近系紫红色碎屑岩覆盖，古近系与南部侏罗统和北部石炭统—二叠统均呈不整合接触。

岩体形态多呈长条状和不规则透镜状，规模大者可达 40 ~ 50km²，小者不足 1km²。其中规模较大的有拉果错、洞错、八布错东、八布错西岩体。此外，部分岩体被第四系覆盖，规模不清。岩石类型主要为二辉橄榄岩、含长二辉橄榄岩、二辉辉石岩、含长二辉辉石岩、含单辉长橄岩、橄长岩、辉长岩。仅个别岩体局部见斜辉辉橄岩。均未见铬铁矿化和转石。

扎加藏布 – 东巧 – 桑巴亚带： 该带由 33 个岩（体）群 55 个单个岩体组成（其中有 9 个岩（体）群无资料），出露面积 226.2km²。岩体受缝合带主断裂和次一级断裂控制，以东西向分布为主，多呈脉状和长条状，也有近南北向分布，呈长宽近似的不规则状（江错、切里湖）。亚带出露地层比较复杂，自西而东有：三叠系主要以紫红色砂岩、砂砾岩为主；二叠系主要为灰岩夹薄层状灰岩、板岩；上白垩统宗给组为复成分中—细粒砂岩以及条带状硅质岩夹薄层灰岩。局部地段也被古近系紫红色砾岩所覆盖。占中湖岩体侵位于下侏罗统—白垩系中，岩体中可见含铬、镍磁铁矿。此外在亚带东部，还见有岩体侵位于上三叠统、前泥盆系、中—上泥盆统，以及下石炭统、中—上侏罗统、上白垩统等。

岩体规模 0.1 ~ 55km² 不等，其中最大者为切里湖岩体（55km²）、东巧西（45km²）岩体。该亚带内组成岩体的岩石类型比较复杂：有的以纯橄岩和斜辉辉橄岩为主，其中有的纯橄岩规模较大可构成独立的岩相；部分斜辉辉橄岩中含纯橄岩异离体和（或）纯橄岩较多，可占 10%；部分斜辉辉橄岩中含有斜辉辉橄岩异离体，如东巧西岩体。有的岩体以斜辉辉橄岩为主，其中部分斜辉辉橄岩含纯橄岩和（或）纯橄岩异离体较多，如东风岩体。有的岩体由斜辉辉橄岩组成，如索秋鄂玛岩体群、占中湖北岩体。有的岩体由斜辉橄榄岩和斜辉辉橄岩组成，如扎加藏布岩体、大红山岩体、觉翁岩体、安多东岩体（发现有铬铁矿转石和含铬的磁铁矿点）。有的岩体由单一的斜辉橄榄岩组成，如纳木喀岩体。有的岩体以斜辉辉橄岩和纯橄岩为主，局部含少量橄榄辉长岩、含辉长橄岩、异剥橄长岩、单辉橄榄岩，如江错、盆湖、红旗山和切里湖、依拉山岩体。有的岩体由斜辉辉橄岩和含辉纯橄岩及橄榄辉长岩、橄长岩、辉石岩组成，如占中湖岩体、占中湖南岩体。

索县－丁青－察雅亚带：该亚带位于班公错－怒江缝合带的东端向南东拐折部位。由11个岩（体）群15个单个岩体组成。大者丁青东岩体，长88.5km，宽2~6km，面积达400km²；其次丁青西岩体为150km²，依珠雄岩体为6.44km²，其余均小于1km²。丁青东岩体侵位于侏罗系、白垩系。侏罗系为一套硅质板岩、砂板岩、硅质页岩以及浅变质的灰岩等；白垩系为红色砂岩、砂质页岩、砂砾岩、红色砂砾岩。在亚带西部，岩体侵位于下白垩统和三叠系中，东部个别岩体直接围岩是古生界的片岩、板岩。亚带东段因受班怒缝合带的制约，岩体展布方向由北西西向南东方向拐折。岩体与围岩多呈侵入接触关系，部分为断层接触。岩体大者多呈宽脉状、纺锤状、透镜体状，小者多呈长条状、不规则状。组成岩体的岩石类型以斜辉辉橄岩、斜辉橄榄岩、纯橄岩等为主。在丁青东、西岩体内具有岩相分带的特征，岩体铬铁矿化普遍，其中丁青西共发现矿体（点）123个（提交资源量809t），丁青东共发现铬铁矿体180处，但规模均很小。另外个别岩体由斜方辉石岩组成，如八瓦尤岩体。

嘉玉桥－八宿－碧土亚带（怒江亚带）：该亚带处于班公错－怒江缝合带东端向南东拐折后沿怒江流域的嘉玉桥到绕金一带，全长285km，宽数千米至十余千米。

b. 羊湖－玛尔盖茶卡－金沙江超基性岩带：该带超基性岩沿金沙江缝合带断续成群分布，西端自羊湖至玛尔盖茶卡一带向东进入青海经乌兰乌拉湖再向东沿金沙江进入西藏转南东方向入滇西。其南、西南侧为羌塘－三江复合板片，北侧为南昆仑－巴颜喀拉板片。在西藏境内于该缝合带的西端羊湖至玛尔盖茶卡一带和该缝合带的中段藏川两省交界线金沙江的西侧一带构成两个超基性岩群，前者称羊湖－石渣坡亚（段）带，长约165km，岩体严格受横山－黑熊山断裂和绥加日－若拉冈日断裂制约。亚带东段石渣坡岩体侵位于三叠系若拉冈日群的石英砂岩和页岩中，岩体南界为断层接触，北缘为侵入接触关系，岩石类型为斜辉橄榄岩、辉绿岩等。后者称金沙江亚（段）带，带内有3个岩体群，呈近南北向分布，全长180km，宽数百米至2km左右，岩体侵位于石炭系—二叠系中。

除上述外，在班公错－怒江结合带的西段南侧，于冈底斯－念青唐古拉板片内，沿冈底斯主弧后狮泉河－革吉－果忙错－纳木错－嘉黎冲断裂带内，还断续分布有超基性岩体，全长约 1400km。该带中超基性岩体多集中在该断裂带中西起羌山口向东经且坎、狮泉河到江巴一带，全长 210km，宽 15～30km，称作永珠－纳木错亚带。位于班怒缝合带以南，属于冈底斯－念青唐古拉构造区，是藏中超基性岩体集中区域之一，西起格仁错，东至纳木错，北邻色林错－班戈县南到新吉一带。

2.3.2.2 岩石蚀变

本区超基性岩体，普遍遭受强烈的蛇纹石化作用，部分岩体达到全蛇纹石化程度，部分岩体还见有叶蛇纹石化，如称曲和怒江沿岸的超基性岩体。其蚀变程度一般与岩体规模和岩石类型有关，岩体规模小，蚀变较强，对同一个岩体而言，随着岩石酸性程度的增高，蚀变有减弱的趋势。同时，岩体边缘常发育硅化、碳酸盐化、滑石化，含长石的超基性岩常见石榴子石化、绿泥石化，基性程度较高的岩石可见有水镁石化。岩体与晚期花岗岩接触时，还出现透闪石化、直闪石化。另外，因受地表风化淋滤作用，个别岩体部分地段，于地表形成一层不太厚的面型硅化、碳酸盐化风化壳，如东风岩体。

2.3.2.3 岩石化学特征

区内班公错－怒江超基性岩带，从西端到东端 10 个有代表性的岩体中，界哥拉、巴尔穷、拉果错、白拉、红旗山岩体，为基性－超基性杂岩；依拉山、江错、切里湖岩体为局部含长含单辉的超基性岩体；东巧西、丁青岩体为斜辉辉橄岩、纯橄岩岩体。这三类岩体中岩石化学全分析资料如下。

a. 镁铁比值（M/F）：基性－超基性杂岩中超基性岩的 M/F 为 6.01～10.48（共 10 个样），加权平均值为 8.61；含长超基性岩体中的超基性岩 M/F 为 6.88～10.52（共 31 个样）。加权平均值为 7.51，超基性岩体类型中的超基性岩 M/F 为 9.56～10.72（共 30 个样），加权平均值为 9.92。

b. 基性度（（M＋F）/Si）：基性－超基性杂岩的基性度为 0.43～1.57（共 14 个样），加权平均值为 1.08；含长超基性岩体的基性度为 0.48～2.05（共 37 个样），加权平均值为 1.51；超基性岩体的基性度为 1.61～2.05（共 30 个样），加权平均值为 1.76。从岩体全部岩石组合来看，呈依次增高的趋势。表明杂岩体生成层位相对最高。

c. 岩体岩石地球化学与岩体矿化的关系：基性－超基性杂岩类型超基性岩体，目前尚未发现有工业价值的矿体，连矿化点也很少见到。而含长超基性岩体和超基性岩体两个类型岩体中，目前发现有小型的铬铁矿床，只是前者的铬铁矿体含铝较高，属耐火级类型，如依拉山矿床；后者的矿体含铬高、铬铁比值也高，多冶金级类型，如东巧西矿床。

两个含小型矿床岩体的岩石化学成分比较：高 M/F 值和高基性度（（M＋F）/Si）是铬富集成矿的有利条件（采样的代表性对认识的客观性有很大影响）。藏东的丁青岩体，M/F 比值为 9.84～10.72（共 10 个样），加权平均为 10.28；（M＋F)/Si 值为 1.81～2.05（共 10 个样），加权平均为 1.93；两个比值均比较高，推测丁青岩体具有较好的铬铁矿资源潜力。

d. 铂族元素：东巧西、切里湖、依拉山、称曲、丁青东、东风岩体内的超基性岩和铬铁矿石的试金分析资料表明，矿石和岩石中均普遍含有铂族元素，并以锇、铱、钌为主。各元素的含量，在各岩体的铬铁矿石中均远高于岩石中，矿石中铂族元素的含量为 0.009～1.029g/t，岩石中的含量为 0.017～0.055g/t。对矿石而言，一般致密块状矿石又高于浸染状矿石，矿石中东巧西、东风岩体最高，总量分别为 1.029g/t、1.17g/t。据此，锇、铱、钌元素的富集程度，也可作为铬矿富集找矿的间接标志。地幔层中铂族元素的丰度为 0.22g/t，与本区岩石和矿石中总平均含量相近。

2.4   主要蛇绿岩带地球物理场和地球化学场特征

2.4.1   地球物理场特征

2.4.1.1   航磁异常

全区航磁异常最显著的特征是北部成块分布，南部成带分布。北部自西向东，西部为正异常区，中部为负异常为主，东部又为正异常区。而南部为北西向转东西向延伸的条带状强磁异常，它横贯全区，长达 1500km，正负异常相间排列，强度为 －100～300nT，局部高达 700nT，对应雅鲁藏布江构造带，与藏南巨型超基性岩带的分布范围相当。但在此磁异常带中段南侧，白朗至仲巴间长不足 600km，大致在日喀则岩体一带还有一条与上述主磁异常带平行的条带状强磁异常，应该就是对应超基性岩体的反映。毗邻的北带异常强度更高、规模更大，中国地质调查局航空物探遥感中心认为在雅鲁藏布江北岸地下存在一条规模更大的隐伏超基性岩体，但原西藏地质局物探队在雅鲁藏布江北岸作航磁异常检查时，发现异常区主要出露花岗闪长岩、辉石闪长岩和中酸性－基性火山岩等，这些岩石都具有较强磁性（ $K = 400 \times 10^{-5} \sim 1300 \times 10^{-5} \mathrm{SI}$, $Jr = 400 \times 10^{-2} \sim 52500 \times 10^{-2} \mathrm{A/m}$ ），也能引起相应磁异常，所以这是目前雅鲁藏布江超基性岩带上一个尚待研究和验证的课题。

由于地磁场斜磁化的影响，西藏磁性体（如超基性岩）上对应的航磁异常 ΔT 都是北负南正伴生的形态，航磁 ΔT 化极等值线平面图中正异常多为岩体。

对航磁 ΔT 化极资料计算其向上抬升 5km 后的异常值，结果发现原来存在的一些小异常都消失了，说明引起这些异常的小岩体都向下延深不大，而那些大岩体的大异常仍然存在。

根据航磁异常和区域重力异常推断了一些大的断裂构造带，分别反映了控制蛇绿岩带分布的雅鲁藏布江断裂、班公错－怒江断裂、龙木错－双湖－澜沧江断裂和金沙江断裂的西藏部分。

2.4.1.2 区域重力场

布伽重力异常，整个青藏高原呈现为一个完整封闭的负异常区，用 $-300\mathrm{mGal}$❶等值线可大致圈定其范围，东西长 2400km，南北宽 1200km，由高原边部向内重力值不断下降，在高原边部形成较陡的重力梯度带，而内部的重力变化则比较平缓，在藏北羌塘和藏南冈底斯－念青唐古拉地区重力值相对更低一些，而二者之间则较高，呈现"两低夹一高"的特征，而羌塘地区最低重力值达 $-580\mathrm{mGal}$，成为全国布伽重力异常值最低的地方，也是我国地壳最厚的地方。

由于青藏区域重力工作比例尺为 1:100 万，测点分布很稀疏，能真正落在超基性岩体上的测点很少，所以在区域重力图上很难直接看到对应超基性岩体或岩带的局部重力异常。为突出展示局部重力异常，计算了不同格距的剩余重力异常，现取 70km 滑动窗口的剩余重力异常，经综合资料对比，可以发现，在藏南超基性

---

❶ $1\mathrm{mGal} = 10^{-5} \mathrm{m/s^2}$。

岩带上多对应正剩余异常，而藏北超基性岩带上的岩体多对应负剩余重力异常。

2.4.2 地球化学场特征

铬元素地球化学，可以清楚看到铬异常的分布与已知超基性岩带或岩体的位置十分吻合。藏南岩带从西部的普兰（再往西部和北部化探尚未覆盖）、仲巴一带的岩体，中经日喀则、仁布岩体，向东至泽当、罗布莎、朗县等地的岩体，都有明显铬异常。藏北岩带同样如此，从西部的改则到申扎再向东异常分岔，出现南北两支，北支经东巧 – 安多一带众多岩体异常叠加，使强度增大范围变宽，而南支异常对应藏北湖区众岩体，如盆湖、切里湖等至那曲依拉山各岩体。北支异常往东延伸经向南拐折经嘉黎丁青大岩体，转向怒江、澜沧江沿岸诸多小岩体的弱异常，所以区域化探水系沉积物铬异常对发现超基性岩体与航磁异常有异曲同工之效。

超基性岩带的分布一般都与大的断裂构造有关，而汞元素则是反映断裂构造比较敏感的元素，而且汞的背景含量以超基性岩为最高。西藏的汞地球化学可以看到特征表现为，沿雅鲁藏布江断裂带和藏北班公错 – 怒江断裂带、龙木错 – 双湖 – 澜沧江断裂带，存在明显的汞异常带，尤其是沿澜沧江断裂汞异常最明显、最强烈，并在向北西延伸时与丁青岩体的汞异常相连，再往北西则与铬异常的位置分离，汞异常更偏北。

3 西藏超基性岩铬铁矿勘查程度

　　西藏自治区境内，基性－超基性岩体广泛分布在沿雅鲁藏布江、班公错－怒江、金沙江三个沿江带上，形成区内 3 个主要的蛇绿岩带。另有极少量岩体沿着深大断裂分布。西藏自治区地质矿产局 1993 年编著的《西藏自治区区域地质志》显示，区内已发现岩（体）群 205 个，总面积达 6762km²。西藏二队在 20 世纪 90 年代编制了《西藏自治区超基性岩及铬铁矿资料汇编》，将区内 411 个单个岩体划归 190 个基性－超基性岩（体）群，并将其归并为雅鲁藏布江（藏南）和班公错－怒江（藏北）两个大岩带，其分布面积达 5052.3km²。其中，藏南岩带有 161 个岩体，划为 71 个岩（体）群，6 个亚带，总面积 3361.48km²，占 66.53％；藏北岩带有 250 个岩体，划为 119 个岩（体）群，11 个亚带，总面积 1690.82km²，占 33.47％。

　　西藏超基性岩铬铁矿的发现，始于 20 世纪 50 年代，中国科学院青藏高原综合考察队在考察中发现了罗布莎超基性岩体。20 世纪 50 年代末 60 年代初，西藏地质局曾在一些岩体上做过地表工作。自治区内大量的超基性岩体、岩带的发现，是在 1965 年由地质部铬矿会战指挥部（简称"会战指挥部"）派出的一个普查小组开始。

　　为了解决我国铬铁矿资源急缺，会战指挥部在全国开展了一轮铬铁矿找矿勘查工作，一年的找矿在内地各省区没有发现重大线索之后，果断地将力量集中到西藏的藏南、藏北两个带上，由会战指挥部的两个专业铬铁矿找矿队伍（新疆三队和新疆五队）以及从内地调进的专业人员，组成了"西藏 121 信箱"开始了在西藏的超基性岩铬铁矿的面上普查、点上勘查工作，相继发现了不少岩体。随后，西藏地质局在 1:100 万区域地质调查中发现了大量的超基性岩体，这些岩体清晰地构成了藏南、藏北两个巨型超基性岩带。面积性的普查找矿工作，在工作过的岩体中发现了大量大小不一的铬铁矿体，转石更多，证实了这两个岩带具有寻找铬铁矿的巨大潜力。

西藏铬铁矿的找矿勘查工作也是从 1965 年开始的。由于专业力量有限，无法全面开展找矿工作，只能采取集中力量，集中设备打歼灭战的方式找矿。1966 年，会战指挥部派出的小分队，在藏北岩带的东巧超基性岩体和藏南岩带的罗布莎超基性岩体的铬铁矿找矿效果突出。1967 年，铬矿会战指挥部汇集国内的铬铁矿专业技术力量组成的"西藏 121 信箱"，先后在东巧、罗布莎两个岩体开展超基性岩铬铁矿的普查工作，并取得了可喜的成果。1969 年，东巧铬铁矿区探获了数十万吨质量中等的铬铁矿石资源量，为东风矿提供了矿山开发的资源保障。1975 年，罗布莎岩体西段的罗布莎矿区，提交了 200 多万吨的优质铬铁矿资源量。

1974 年，"西藏 121 信箱"分解为西藏二队、五队、物探队及地质局实验室的一部分。二队负责藏南岩带，五队负责藏北岩带，物探队负责全区铬铁矿找矿的物探工作。

截至 2012 年年底，二队、五队、物探队开展预查、普查的超基性岩体铬铁矿有：藏南岩带的罗布莎、大竹卡、白朗、泽当、鲁见沟、日康巴、休古嘎布、当穷、郎吉、雄马、仁布、仁布东、秀章、那舍岭等，藏北岩带的东巧、依拉山、切里湖、东风、占中湖、永珠、江错、称曲、阿日、盆湖一带、纳木错一带、曲基、青木拉地区、姜巴达吉地区、热秋等。其中，罗布莎铬铁矿区的Ⅰ~Ⅱ矿群的主矿体地段进行了勘探。罗布莎矿区、香卡山矿区、东巧、依拉山进行了详查，罗布莎岩体的康金拉铬铁矿区及其余岩体开展了预查或普查，其中一部分是只对地表铬铁矿作了矿点检查。另外，四川一〇八队在丁青东、西两个超基性岩体进行了铬铁矿勘查工作。按面积衡量，西藏绝大部分的超基性岩体没有开展工作或只有很少的踏勘和路线地质考察。

自 20 世纪 80 年代末，由于种种原因，西藏超基性岩铬铁矿的勘查工作基本停止。多年来，找矿涉及的超基性岩体上百个，进行过勘探的只有罗布莎铬铁矿区Ⅰ~Ⅱ矿群的主矿体地段，开展了普查、详查阶段工作的只有 5 个岩体，还有个别岩体作了预查阶段的部分工作，还有一些岩体只是进行了路线踏勘；绝大多数岩体未投入工作量。西藏是我国蛇绿岩型超基性岩体分布范围最广的地区，可开展铬铁矿找矿工作的岩体则非常少。因此，要摸清我国铬铁矿资源的家底，还需投入大量的工作量。从罗布莎超基性岩体的铬铁矿赋存情况来看，资源潜力是很大的。

3.1 藏南岩带铬铁矿勘查程度

雅鲁藏布江超基性岩带呈东西向横贯全区，以往带内矿产地质工作涉及矿种有铬、铜、金、铂族元素等。铬铁矿地质工作程度在带内不一，极少部分岩体工作程度较高。20 世纪 60 年代中期，西藏二队对带内的部分铬铁矿产地——曲松县罗布莎铬铁矿（1966～现在）、仁布县仁布岩体铬铁矿（1999 年）、噶尔县日康巴铬铁矿（1989 年）、仲巴县的当穷 - 休古嘎布铬铁矿（1996 年）、拉昂错和普兰岩体铬铁矿（2003～2005 年）进行了调查评价、普查（或检查）。勘查的重点为曲松县罗布莎岩体铬铁矿，主要部分达到了详查、勘探程度，对鲁见沟、泽当西、仁布东、仁布西、秀章、休古嘎布等岩体，也投入了少量勘查工作。

3.1.1 罗布莎岩体

3.1.1.1 罗布莎铬铁矿区

这里仅作简要叙述，部分内容在后续的"罗布莎超基性岩体铬铁矿勘查实例"中说明。

a. 发现阶段：罗布莎超基性岩体是由我国著名地质学家李璞先生率领的中国科学院西藏工作队地质组于 1951 年在路线地质调查中发现。此次考察，为开展西藏的地质工作奠定了基础。

1959 年 6 月，原西藏地质局藏南煤田地质二队二分队在该区检查群众报矿，通过野外踏勘及矿点检查确认是铬铁矿，并在龙给曲以西分出了 4 个矿群，估算了铬铁矿石资源量。

1961 年，中国科学院西藏综合考察队地质三组，再次考察了罗布莎超基性岩体，认为岩体内以结晶分异和重力分异为主导，估算了岩体内铬铁矿资源量。

1962 年，藏南地质队对岩体开展了面上的调查，对铬铁矿体进行了地表检查评价工作。认为岩体为一不整合侵入的南倾单斜岩体，推测矿体可能受原生构造控制。估算总远景资源量 40.1 万 t。

b. 普查阶段：为了解决我国铬铁矿极缺的问题，20 世纪 60 年代，地质部组成了铬矿会战指挥部。1965 年，会战指挥部派出普查组，对西藏的东巧、罗布莎等超基性岩体进行了踏勘和矿点检查工作，提出了对罗布莎超基性岩体开展进一步工作的建议。

地质部 1966 年给西藏铬铁矿勘查的任务是：尽一切力量，首先满足国家急需（东巧提交 $C_1 + C_2$ 级矿石储量 150～200 万 t，罗布莎提交 C_2 级矿石储量 200 万 t），并兼顾今后的储量增长，为 1968 年工作提供了资料和依据。总的工作部署必须贯彻"点面结合、集中优势兵力打歼灭战、突出'找'字"的原则。

为了加速对罗布莎超基性岩体铬铁矿的勘查评价进度，提高勘查质量。1966 年，国务院决定修筑自西藏山南地区首府泽当至罗布莎的矿区公路，由曲松、加查两县抽调民工承担。这一措施极大地鼓舞了参与铬矿会战的干部和全体职工。地质部铬矿会战指挥部也于 1966 年，增派了一个分队进藏，进一步充实寻找铬铁矿的实力。

1966 年，参与罗布莎岩体铬铁矿找矿勘查的小分队，排除各种干扰，克服种种困难，主要开展了大面积的 1∶25000 路线地质填图、1∶10000 地质修测，侧重在大比例尺的 1∶500 矿群地质图的编制，完成了 44 个铬铁矿体的 1∶100～1∶200 矿体平面图的编制，以及浅井、探槽和各种采样工作。分析研究了岩体的地质特征和罗布莎铬铁矿区Ⅰ、Ⅱ、Ⅲ、Ⅶ矿群，龙给曲以东，康金拉的部分矿体的地表揭露。新发现 56 个矿体（点），其中 45 个在Ⅰ、Ⅱ、Ⅲ、Ⅶ矿群内，并对矿石物质成分、结构构造、近矿围岩、接触关系、蚀变特征、造矿铬尖晶石特征及后生构造进行了研究，将岩体内的断裂构造划分为近东西向、南北向、北东向 3 组。还估算了相当于现行国家标准《固体矿产资源/储量分类》（GB/T 17766—1999）中的预测资源量（334?）100 余万吨。

1967 年，在取得丰硕成果基础上，地质部铬矿会战指挥部组织了参与新疆会战的精干队伍连同内地支援的专业技术干部和技术工人约 1200 多人进藏参加铬矿会战。全体会战人员摒弃各种干扰，急国家之所急，投身到西藏藏南的罗布莎和藏北的东巧两个工区以及其他几个超基性岩体的工作中，开展了铬铁矿找矿的会战。初期的会战队伍称作"西藏 121 信箱"，驻在当时的甘肃省敦煌县。西藏地质局成立后，分为第二地质大队（简称"二队"）、第五地质大队（简称"五队"）、物探队，部分专业人员划归局实验室。罗布莎超基性岩体铬铁矿的勘查工作，由二队承担。

当年，全队职工在海拔 4100～5400m 的罗布莎超基性岩体上开展了 1∶500 矿体平面图的测制和磁法、重力测量及槽探揭露、采样测试等找矿工作，在罗布莎岩体内新发现矿体（点）78 处，总结归纳了矿体的产出特征，控矿因素、矿群中矿体及近矿围岩的特征，扩大了部分矿体的规模，发现物探异常 83 个，重新估算了全岩体地表的铬铁矿资源量。由于外界的干扰和内部的种种因素，使得当年的地形测量和钻探施工未能进行，有的探槽施工结束后没采样，部分原始资料编录混乱。

1968 年，野外工作 3 个月，槽探揭露发现 9 个矿体，控制矿体的规模、形态、产状。施工钻孔 14 个，为孔深 100m 以内的浅孔，其中 11 个孔见矿。了解到Ⅰ矿群部分矿体向下有延深；Ⅱ矿群一些矿体有向东侧伏的趋势，控制矿带长达 500m，新发现的 Cr – 31 矿体长达 160m，产状呈波折起伏；Ⅳ矿群矿体规模较小。对以往认为矿体向下延深不大，矿体产出的复杂性有了新认识。但存在部分钻孔工程质量低的问题。

1969 年，开展勘查工作更加困难，大家在两个月的时间里主要在Ⅲ、Ⅳ、Ⅶ矿群开展了地质填图和浅井、槽探工程等工作，扩大了部分矿体的规模，新发现矿体 6 个。还初步考察了区内的冰川，指出了其影响。

1970 年，利用钻探结合槽探、井探工程，主要对Ⅱ矿群矿体的延展情况进行控制，扩大了该矿群 Cr – 28 矿体地段的矿体规模，增加了矿体数量。对矿体的斜深已实际控制达 110m，开展了水文地质工程地质工作。钻探工程质量仍然是个问题，钻机事故多，地质和物探工作相互脱节突出。

1971 ~ 1973 年，受生产管理体制所限各矿群勘查工作相互脱节，无法了解相邻矿群以至全矿区的成果、总结规律指导找矿，只能据矿群内有限的资料部署工程，年末各自编写矿群地质报告，找矿效果时好时坏。

1971 年，4 个地质组分别对Ⅰ、Ⅱ、Ⅲ矿群及康金拉开展工作，对Ⅰ、Ⅱ矿群除地质填图工作外，主要是实施槽探、浅井、钻探、采样及物探异常查证。Ⅲ矿群则主要对已知矿体利用探槽开展普查找矿。进行了矿区水文地质工程地质工作。第一次对Ⅰ、Ⅱ、Ⅲ、Ⅶ矿群及康金拉已发现的矿体，重新进行了全面的估算。累计查明铬铁矿资源量 120 余万吨（相当于现行资源储量类型中的推断的内蕴经济资源量（333））。

1972 年，继续针对Ⅰ、Ⅴ矿群及Ⅱ矿群开展找矿勘查工作，发现了一些盲矿体，研究了矿体及近矿围岩的蚀变特征，提出控矿的是压扭性构造，年度新增铬铁矿资源量 43.53 万 t，累计查明铬铁矿资源量 170.82 万 t。编写了 1970 ~ 1972 年矿区水文地质工程地质工作总结，指出矿区水文地质条件属简单类型，供水水源以地表水为主。

为给1973年的勘查工作提供依据，在冬季收队前夕人员短缺、工种不配套的情况下，将钻机移到 Cr-31 矿体地段，施工达到预期目的，为第二年的勘查工作提供了设计依据。

1973年，因生产系统不协调，配件短缺，综合研究工作滞后，各矿群仅依据各自矿群有限的资料思考，找矿思路与实际地质情况出入较大，生产时断时续，没能完成生产任务，生产过程中的质量问题较为严重。年度突出的成果是，试金分析结果表明铬铁矿石中伴生有可供综合利用的铂族元素，主要分布在Ⅱ矿群。新增资源量10余万吨，累计查明铬铁矿资源量180余万吨。

整个普查阶段，勘查工作进展缓慢，部分工程的勘查质量较低，不符合要求。特殊的管理方式不考虑超基性岩体铬铁矿的整体产出规律，致使综合研究工作滞后，没有从地质规律出发，掌握控矿条件和成矿规律，仅据钻孔的成果临时布置工程，势必出现一些片面性，找矿效果不理想。

c. 详查阶段：1974年，罗布莎铬铁矿区的管理体制改成工区统一管理，勘查工作统一部署，勘查报告统一编写。通过综合研究择优部署，取得了明显的效果。成果表明，控矿构造以压性和（或）压扭性为主，成矿后构造多具继承性，但对矿体没有明显的破坏，主要是引起矿体的小错动和位移。年度新增资源量20余万吨。

Ⅱ矿群 Cr-31 矿体的发现及随后勘查的良好效果，促使我们认真分析总结Ⅱ矿群主要矿体的斜列式、叠瓦状空间展布规律，明确向 Cr-31 矿体的南东侧伏方向布置了 ZK138、ZK139 等 800m 的深孔找矿，发现了中央含矿构造岩相带及矿化体，为深部找矿提供了依据。

1975年，继续开展钻探、坑探、1:10000 地质简测和采样，并于年终提交了《西藏曲松县罗布莎铬铁矿区 1966~1975 年度详查找矿工作地质总结》，通过总结，提高了对矿区地质特征的认识，建立了本地区古近系—新近系的完整剖面。依据综合研究的成矿规律指导找矿取得了成效，矿区水文地质工程地质工作取得了新的进展，年度新增资源量10余万吨。

1975~1977年，对罗布莎岩体开展了 1:50000 区域地质简测，查明了罗布莎岩体在区域内的平面位置，与雅鲁藏布江蛇绿岩带、区域地层、构造、岩浆岩的关系，了解了罗布莎岩体周边的区域构造构架，对全岩体的岩相进行了研究，划分了岩相带，收集了矿化资料，为罗布莎岩体的勘查工作提供了基础资料。

1976 年，超额完成了全年的各项生产任务，认为罗布莎岩体是多次形成的复合岩体。开展了 1:10000 水文地质测量和香卡山的普查找矿工作，发现 17 个矿体，构成 6 个矿化带。罗布莎矿区年度新增铬铁矿资源量近 20 万 t。

1977 年，全面完成年度各项生产任务，在Ⅱ、Ⅲ、Ⅶ矿群发现了新的盲矿体，加强了对控矿因素、赋存规律和含矿构造岩相带的综合研究，编写了《西藏罗区铬铁矿床成矿规律的初步研究》，年度新增铬铁矿资源量 20 余万吨。

1978 年，全面完成各项生产任务，发现一些盲矿体，尤其是 Cr－110 矿体的发现，意义重大。同时，在纯橄岩岩相带中发现了稀疏浸染状的 Cr－116 矿体，深部找矿取得了一些直接找矿标志，铂族元素的选矿试验结果表明，铂族元素呈单矿物状态存在。为了按时提交详查报告，开始了室内整理工作，结束了气象观测工作，年度新增铬铁矿资源量 30 余万吨。

1978 年，西藏自治区科学大会，授予罗布莎地质组"踏遍青山人未老，探矿找宝立功劳"锦旗一面。

1979 年，超额完成了全年生产任务，Ⅱ矿群 Cr－31 矿体的东南部侧伏方向的中深部，含矿性较好。Ⅰ、Ⅱ矿群间施工结果进一步证实了含矿构造岩相带的存在，矿带连续性较好。在Ⅰ矿群发现了较大的盲矿体 Cr－115。年度新增铬铁矿资源量 30 余万吨。还撰写了《西藏罗布莎铬铁矿床基本特征和找矿方法》、《西藏曲松县罗布莎铬铁矿区含矿构造岩相带及其找矿意义》等论文。这一年二队还获全国科学大会奖状。

1980 年，由于国民经济调整及按照中央对西藏工作的指示精神，基本完成了年度生产任务，结束了Ⅰ PD2 平硐的施工，收集了大量有关矿体形态产状、接触关系、构造对矿体的影响、开采技术条件试验等方面的资料。扩大了Ⅶ矿群 Cr－57 矿体的规模，年度新增铬铁矿资源量近 20 万 t。

截止到 1980 年年底，罗布莎铬铁矿区累计完成了铬铁矿资源储量 404.45 万 t，估算铂族元素资源量 1.566t。完成了 1976 年由地质部铬铁矿调研组提出、自治区领导同意的小方案，达到了提交铬铁矿资源储量 350 万 t 的要求。

d. 勘探阶段：1984～1985 年，依据上级下达的任务和有关部门的要求，以钻探为主要手段，通过加密工程间距，对Ⅰ、Ⅱ矿群的主要矿体进行了勘探。更加合理的圈连了矿体，补充了工程地质资料，在详查成果的基础上，补充资料重新估算了铬铁矿石的资源量。自 1966～1985 年，罗布莎矿区投入的主要工作量见表 3.1。

表 3.1　罗布莎铬铁矿区投入主要工作量表

工作项目	单位	累计完成工作量	工作项目	单位	累计完成工作量
1:50000 地质简测	km²	696	钻探	m	73191.48
1:25000 地质简测	km²	99.75	平硐＋拉叉	m	779.64＋245.15
1:10000 地形地质简测	km²	24.10	浅井	m	3928.27
1:10000 水文地质简测	km²	29.04	探槽	m³	35391.16
1:1000 地形地质测量	km²	4.72	取样钻	m	5060.71
1:500 矿群地质图	km²	1.887	采样	件	5877

3.1.1.2　香卡山铬铁矿区

随着罗布莎矿区探获的铬铁矿资源量逐年增加，1976 年，队上决定由罗布莎矿区地质组派出一个普查组，开展香卡山的找矿工作。工作中发现 17 个矿体，集中分布在岩体的中部和南部边缘，为在香卡山开展普查提供了依据。

1977～1990 年，在 1976 年普查组的基础上，充实力量组成了香卡山地质组，成为单独的工区，开展了矿区 1:10000 简测，测制了 XIV 矿群地段的 1:1000 地形地质图，采用槽探、井探（取样钻）工程对地表矿体及铬铁矿转石区进行揭露，进行了各类样品的采集和分析测试，开展了物探（重力、磁法）普查及详查等工作。通过普查工作，初步查明了香卡山工区的岩体形态产状和规模。认为该段岩体的地表产状为不对称的相向倾斜，即岩体北东界产状向南西倾斜，南西界产状向北东倾斜，岩体深部产状则向南西陡倾。同时在岩体内划分了两期侵入的 4 个岩相带。岩体中的北西－南东向断裂形成时间最早，是矿区的控岩控矿构造。北东向及近东西向构造则对岩体及矿带造成不同程度的破坏。工业矿体主要赋存于 XIV 矿群，矿体分布与岩体形态关系密切。

1991～1995 年，西藏二队项目组在 87 线—132 线之间开展普查工作，通过工作，完善了 36 线主干剖面，初步查明矿区南部矿带北西段及主要矿体的规模、形态、产状及与围岩的接触关系，建立了矿区的构造格架，认为韧性剪切带和成矿杂岩带是成矿的有利部位，而后期的近南北向及近东西向构造则对岩体及矿带造成破坏和改造。"八五"期间共施工探槽 5212.96m³、浅井 154.05m、1:1000 地质填图 3.43km²。施工钻孔 170 个，完成钻探工作量 28659.79m，见矿钻孔 56 个，见矿孔率为 32.94%，求得铬铁矿矿石资源量 30 余万吨，完成了地质矿产部下达的"八五"铬铁矿资源储量任务。

1998～1999 年，西藏二队项目组选择矿区东南部 X 矿群作为重点普查区段，开展钻探工作，往北西（大平台）投入适量工作，进一步寻找并确定矿带位置。两年共施工钻孔 33 个，钻探工作量 4358.07m（含西藏工程勘察施工集团 1997 年施工的 6 个钻孔，工作量 535.30m）。其中 20 个钻孔用于验证物探异常；探槽 578.88m³；浅井 6 个，工作量 30m；1:1000 地质填图 0.875km²。通过以上工作认为 X 矿群地段有 3 个矿带存在，并往北西、南东方向延伸，X 矿群属中部矿带，其北有北部矿带，其南Ⅷ矿群属南部矿带。X 矿群总体产状倾向南西，矿体产状较陡，埋藏较浅，多在 100m 以上部位。初步查明资源量 7 万余吨。

1977～1999 年，香卡山矿区投入主要工作量见表 3.2。

表 3.2　香卡山矿区投入主要工作量一览表

工作项目	单位	累计完成工作量	工作项目	单位	累计完成工作量
1:10000 地质草测	km²	29.85	槽探	m³	18459.76
1:1000 地质测量	km²	4.305	浅井	m	448.98
钻探	m	62625.31	采样	件	679

1995 年，受贡嘎县香卡山铬铁矿（采矿单位）的委托，西藏二队承担完成了香卡山矿区 XIV 矿群 Cr‑141、Cr‑142 矿体的补充勘探工作。施工钻孔 13 个，完成钻探工作量 1541.55m。见矿钻孔 11 个，见矿孔率高达 84.6%，累计见矿视厚度 158.92m，并提交了香卡山矿区 XIV 矿群 Cr‑141、Cr‑142 矿体补充勘探报告。

3.1.1.3　康金拉铬铁矿区

1966～1967 年，开展的 1:25000 地质简测，初步查明了矿区的地质特征，并发现了 Cr‑11 矿体，通过揭露作了初步评价。

在罗布莎矿区开展勘查以来，一直十分关注康金拉，断续进行了不少工作。香卡山矿区开展勘查后，对康金拉的投入更多。

1982 年以后，开展了一些成矿规律的研究。1990～1992 年，与中国地质大学（武汉）合作进行的成矿预测工作，预测康金拉矿区的资源潜力可达 107 万 t。

1999 年，在康金拉区 Cr‑11 矿体开展了铬铁矿普查工作，填绘了 1:1000 的地形地质图；以 80m×40m 的间距用坑探、钻探相结合的勘查手段对该矿体进行了控制，大致查明了矿体的形态、产状和分布特征，了解了矿体的物质组成及矿石品位；提交了铬铁矿矿石资源量 20 余万吨。投入的主要工作量见表 3.3。

表3.3 康金拉铬铁矿区投入主要工作量一览表

工作项目	单位	累计完成工作量	工作项目	单位	累计完成工作量
1:2000 地质简测	km^2	2	平硐	m	98.70
钻探	m	221.78	探槽	m^3	81.82

2008~2010 年，矿山企业在刹神、康金拉一带，利用地下坑道采矿发现盲矿体，控制矿体长 150m，宽 3~5m，段高达 40m，估算铬铁矿资源量约 15 万 t。

2007~2010 年，西藏山南山发公司在 IV 矿群利用地下坑道采矿发现盲矿体，4 年累计采出铬铁矿矿石量约 5 万 t。

3.1.1.4 危机矿山接替资源找矿项目和老矿山项目

2006 年，国务院批准设立危机矿山接替资源找矿项目。

2007~2009 年，首先在西藏山南江南矿业股份有限（以下简称"西藏山南江南矿业公司"）公司的矿权范围内，与矿山合作在罗布莎 VII 矿群、香卡山矿区、康金拉矿区，开展接替资源找矿工作。通过物探、钻探、坑探、采样等手段，分别在 VII 矿群 Cr-57 矿体、香卡山 XVI 矿群 Cr-162 矿体等处，共探获了新增资源储量 30 余万吨。康金拉矿区由于自然环境条件恶劣，工程进展缓慢，多个工程因岩石破碎坍塌，致使工程未达目的。

2008~2009 年，在西藏矿业发展股份有限公司（以下简称"西藏矿业公司"）的矿权范围内，与矿山合作在 II 矿群开展了接替资源找矿工作，通过物探、钻探、坑探、采样等手段，分别在 II 矿群 Cr-31、Cr-66 矿体的侧伏方向和 Cr-28 矿体与 Cr-31 矿体之间的空档，投入钻探工作量，扩大了 Cr-31、Cr-66 矿体的规模，并在 Cr-28 矿体与 Cr-31 矿体之间的空当中发现了新的盲矿体。共探获铬铁矿资源量 20 余万吨。两个矿山的接替资源找矿，共探获铬铁矿资源量 50 余万吨。投入的主要工作量有：钻探 24342.16m，平硐 6731.22m，浅井 103.10m，槽探 1089m^3。投入勘查费用共计 4639 万元（表3.4）。

表3.4 接替资源找矿投入主要工作量一览表

工作项目	单位	累计完成工作量	工作项目	单位	累计完成工作量
1:5000 地质草测	km^2	7	钻探	m	24342.16
1:2000 高精度磁测	km^2	5	平硐	m	6731.22
1:2000 高精度重力	km^2	1	槽探	m^3	1089

整个施工过程中，借鉴其他项目的经验，开展了无线电波透视、硼元素测量等物探、化探方法，用于在钻孔、平硐内找矿。试验表明，无线电波透视对于 40m×40m 工程间距的范围效果较明显，但间距大于 40m，则效果不明显。40m×40m 工程间距，是区内探获控制的资源量的间距。因此，该方法在本区找矿没有实际意义。硼元素测量效果不尽如人意。

继危机矿山接替资源找矿项目之后，国土资源部组织了老矿山项目，在勘查工作程度及相关政策上与危机矿山项目有区别。西藏矿业公司的"西藏自治区曲松县罗布莎铬铁矿接替资源勘查"项目、西藏山南江南矿业公司的"西藏自治区曲松县罗布莎岩体矿山密集区铬铁矿深部战略性勘查"项目中，国土资源部老矿山项目办将勘查工作交由西藏二队承担。两个矿业公司也投入了部分钻探工程，交由西藏六队完成。

西藏二队先后提交的罗布莎岩体铬铁矿的不同勘查程度的报告，都经过了西藏地质局、自治区矿产储量委员会的批准。近几年的报告则由西藏自治区国土资源厅矿产资源储量评审中心组织评审、西藏自治区国土资源厅备案。

3.1.2　泽当西岩体

20 世纪 60 年代初发现岩体内的鲁巴垂铬铁矿点，主要开展了地表找矿工作。1966～1979 年，西藏二队曾多次进行踏勘和找矿工作，1979 年进行了矿点检查工作。与此同时，在岩体上开展了物探的重力和磁法测量工作。

1988～1992 年，乃东县曾组织当地群众多次在该矿点采矿，地表矿体及矿转石基本采完，累计开采矿石千余吨。

2014 年，核工业地质局 293 队受委托，利用中央地勘基金在岩体内的金鲁地段开展铬铁矿找矿工作，未发现新矿体。

3.1.3　休古嘎布岩体

1995 年 6 月～1995 年 11 月，西藏二队开展了西藏自治区仲巴县当穷、休古嘎布基性－超基性岩体铬铁矿矿点检查工作。对休古嘎布岩体进行了 1:1000000 概略地质调查，主要成果有：①经踏勘对休古嘎布岩体的形态和规模进行了初步了解。②在休古嘎布岩体发现铬铁矿转石区一处，分布面积达 1km² 左右，为进一步寻找铬铁矿提供了重要信息。

1996 年西藏二队对休古嘎布岩体进行了 1:100000 地质简测，首次较完整地圈定了休古嘎布岩体，初步查明了岩体岩石类型和岩石化学特征，发现了 9 个铬铁矿体和 14 个矿转石分布点（区），划分了 3 个矿群，并对部分矿体和矿转石区进行了工程揭露。

1997 年西藏二队对休古嘎布岩体 Ⅱ 矿群地段开展了铬铁矿普查工作，采用地表地质填图和槽井探工程控制等方法和手段，新发现铬铁矿体 9 个，矿转石区 6 个，同时对 1996 年在该区发现的 Cr‐Ⅱ 矿群 5 个矿体布置了地表工程进行控制，此项工作未安排钻探等深部工程。

3.1.4 仁布岩体

仁布岩体分为东西两岩体，1979~1983 年西藏地质局物探大队对西岩体开展了物探（普）详查，1997 年对东岩体开展了物探普查。1999 年在仁布岩体开展了铬铁矿普查，开展 1:2000 地质填图 3.2km²，发现了 5 个矿群。共施工 18 个钻孔，进尺 1629.73m，施工 109 条探槽，通过探槽施工，新发现 11 个小矿体。对矿体的地表特征进行了解，对岩相界面、构造的揭露，为地质填图起到了较好的辅助作用。仁布岩体找矿效果不理想，仅提交了 1 万余吨铬铁矿矿石资源量。

3.1.5 日康巴岩体

1989 年开展了铬铁矿地表普查，利用 1:10000 地质填图，圈出了岩体范围，发现了 4 处铬铁矿矿点，见到了原生铬铁矿矿体，同时施工了探槽、浅井工程，为地表揭露和控制原生矿体起到了积极作用。

3.2 藏北岩带铬铁矿勘查程度

藏北岩带有 119 个岩体（群），共计 250 个单岩体，出露面积合计为 1690.82km²（46 个单岩体无资料，未计入内）。岩体众多，但工作程度十分低下，大部分岩体仅有数百字的文字记录，或仅仅只有名字，甚至一个岩体有四五个名字还没有统一。主要原因是：自然环境恶劣、海拔高、交通不便以及专业技术人员和地勘经费投入严重不足等。藏北岩带铬铁矿找矿工作20世纪80年代末就停止了，就现有资料了解到开展过详查工作的岩体为东巧西岩体、依拉山岩体，开展过普查工作的岩体为东巧东、东风、切里湖、丁青西、江错等岩体，其余的岩体仅进行了踏勘，甚至有30多个岩体（群）未进行任何地质工作。有关情况分述如下。

3.2.1 东巧西岩体

1956年，地质部青海石油普查大队黑河中队在1∶500000概略检查时发现该岩体。

1959~1961年，中国科学院、中国地质科学院、西藏地质局先后在该区进行地质考察、研究和找矿工作，对所发现的矿体进行了地表揭露和取样化验工作。

1965年，地质部铬矿会战指挥部派出西藏普查组，在该区进行了1∶25000路线地质测量，对地层进行了划分，圈定了超基性岩体，初步划分了岩相带，对岩体中发现的矿体进行了揭露，并做了大比例尺矿体平面图，肯定了岩体的含矿性。由此会战指挥部决定：在西藏开展铬铁矿普查找矿工作。

1966年，由铬矿会战指挥部派出的小分队，在岩体搜山找矿的基础上，开展了普查工作。根据物探重磁异常和矿体露头，对Cr-17矿群和Cr-6矿群进行了钻探工作，找到4个隐伏矿体。

1967年，由"西藏121信箱"继续开展1∶5000重磁普查找矿工作，对岩体开展了1∶10000地质填图，继续对Cr-17矿群进行勘查，对其他矿体露头和矿石转石区进行较系统的工程揭露。对成矿有利地段，还开展了1∶2000重磁测量和钻探验证工作。

1968~1969年，对Cr-17矿群进行了系统的工程控制，提交了铬铁矿资源量30多万吨，并提交了详查报告，经地质局组织的审查组审查通过。

1970~1971年，对Cr-4、Cr-6、Cr-8、Cr-9等矿群，主要采用钻探手段，控制和评价铬铁矿体，验证了部分物探重磁异常。通过重砂采样，在第四系残坡积层中发现了较高品位的砂铂矿。

1972年，对Cr-17-2和Cr-9矿体进一步投入了工作量，对新发现的重磁异常进行了钻探验证，并确定了砂铂矿的层位。

1976～1979 年，西藏五队开展详查，先后投入实物工作量如下：1:25000 路线地质测量 204.24km^2、1:1000 地形简测 83.34km^2、1:10000 地质测量 56.93km^2、1:500 地形测量 0.46km^2、1:500 地质测量 0.46km^2、槽探 32909.69m^3、浅井 1225.57m、机械岩心钻探 35096.06m、取样钻 3481.06m、平硐 278.90m。

1978 年，中国地质科学院铬矿组在第四系残坡积层中，通过重砂分析发现了金刚石矿物。

1978 年，西藏安多县东巧铬铁矿区 4、6、8、9 矿群储量报告，经西藏地质局审查组审查通过。

在该区进行了物探重、磁普查与详查工作，共发现重磁异常 107 个，经验证，发现两个盲矿体。

3.2.2 依拉山岩体

1969～1970 年，原国家计委地质局航空物探测量大队 902 队在藏北进行 1:500000 航空磁测时，发现了 M56 号航磁异常，经地面检查证实该异常为超基性岩体所引起。

1971 年，"西藏 121 信箱"组织航磁异常检查组，对依拉山 M56 异常进行了地面检查，概略了解了岩体的地质情况，为依拉山岩体的普查工作提供了依据。

1972～1976 年，先是"西藏 121 信箱"，后是西藏五队在依拉山超基性岩体开展了铬铁矿地质详查，投入的主要工作量有：1:10000 地形地质测量（草测）24km^2、1:10000 地形地质测量（简测）28.35km^2、1:500 地形地质图 0.495km^2、槽探 5589.9m^3、浅井 91m、机械岩心钻探 12016.81m、取样钻 3514.75m。Ⅰ 矿群提交了资源量 20 余万吨。

3.2.3 切里湖岩体

1953～1960 年中国科学院西藏综合考察队，发现超基性岩体及铬铁矿矿体。

1966 年，西藏地质大队二队普查组，开展路线地质踏勘，编有 1:50000 路线地质草图，并测有 1:50000 物探磁法踏勘剖面，但未对岩体及铬铁矿矿体进行较详细的研究工作。

1967 年西藏地质大队二队进行普查找矿工作，测制了 1:25000 路线地质草图。

1971 年"西藏 121 信箱"物探分队，进行了重磁普查工作，测制了 1:10000 地形简测图，发现一批重磁异常但因未同时进行地质工作，物探资料亦未进行全面的综合整理和研究。所发现的重磁异常均未进行检查验证。

1976～1978 西藏五队开展了西藏安多县切里湖超基性岩体铬铁矿普查找矿评价，中国地质科学院西藏铬铁矿研究队藏北组进行了岩体及铬铁矿的地质调查研究工作，测制了 9 条地质剖面，共 52.5km。对岩体内矿体（点）及转石区部分钻孔进行了观察分析和化验分析等综合研究工作。初步划分了本区的地层，分析了岩体的形态、构造岩相分带特征及矿床成因的控制条件。提出了铬铁矿浆液态熔离晚期成矿，本区地表出露的铬铁矿均处于岩体上部偏酸性上杂岩带；并指出在岩体的物探重力负心外围中深部偏基性下杂岩带内，可能找到有工业远景的铬铁矿床。

普查期间投入的工作量为：钻探 6069.48m；取样钻 1783.1m；浅井 61.6m；槽探 4136.17m³；1:10000 地质测量 56.33km²；1:5000 实测剖面 47.9km；岩矿石化学样品 247 个；岩矿石光薄片样品 516 个。

提交的铬铁矿资源量共计 2 万余吨。

3.2.4 东风岩体

1967 年，"西藏 121 信箱"对东风岩体进行了 1:25000 路线地质测量，发现铬铁矿转石区 6 处，对东风岩体进行了 1:10000 地形地质简测，通过浅井、探槽地表工程及搜山找矿，发现原生矿体 4 处，转石区 38 处。

1979 年，西藏五队，对东风岩体进行普查找矿，用取样钻及探槽进行浅部揭露，发现 Cr-6 矿体，并使 Cr-22 矿点有所扩大，为进一步普查找矿提供资料依据。

1979～1981 年西藏五队对西藏安多县东风超基性岩体铬铁矿进行普查评价。1980 年西藏地质局物探队，在东风岩体中段和西段进行 1:5000 重、磁测量，面积 4.032km²，网度 40m×10m。此项工作圈出 GZ-1、GZ-4、GZ-9、GZ-10 号异常。

投入实物工作量为：1:25000 地质草测 57km²、1:10000 地质测量（简测）24km²、槽探 9629.89m³、浅井 62.15m、坑道（平硐）36.90m、钻探 4165.12m、取样钻 2189.7m。提交了少量的铬铁矿资源量。

3.2.5 丁青岩体

1968～1971 年四川一〇八地质队，对西藏丁青东、西超基性岩体铬铁矿进行了普查。

东岩体主要对岭扑和岚郎峨地段进行了 1:5000 及 1:10000 地质草测工作，并利用槽探、平硐手段进行了初步控制，确定部分成矿带，投入主要工作量为：1:10000 地质测量 17.5km²、1:5000 地形地质测量 6.8km²、槽探 44153m³、浅井 212.85m、坑道 319.6m。

对铬铁矿资源量进行了估算，在岚郎峨地段，Cr-131、Cr-132 矿带提交铬铁矿资源量为 296.4t；在岭扑地段 Cr-412 成矿带和 Cr-411、Cr-459 成矿带提交铬铁矿资源量 400t。

西岩体开展了 1:50000 路线地质填图和 1:10000 地质草测（约 130km²）工作，在矿点分布密集的宗尾卡和浪达秋进行了系统的揭露和追索，对较好的矿体、矿带利用多种工程手段（槽探、浅井、钻探、坑道）进行了浅、深部控制，个别地段测制了 1:500、1:1000、1:2000 地质草图。通过上述工作，对岩体地质及矿化特征有了一定的认识。投入主要工作量为：1:10000 地质测量 130km²、1:2000 地质测量 1.5km²、1:1000 地质测量 0.93km²、槽探 55182m³、浅井 163m、坑道 629.9m、钻探 684.28m。提交铬铁矿资源量 Cr-157 矿体及 Cr-158-1 矿体共 200 多吨。

3.3 物探及遥感工作

全国寻找铬铁矿的物探工作始于 1955 年。从 1955 至 1963 年，先后在内蒙古贺根山和索伦山等超基性岩体上用物探重磁方法找铬铁矿。西藏遥感工作是在 20 世纪 70 年代开始，引入了遥感方法用于 1:1000000 区调。早期使用航片，后来又引入卫片，两者在 1:200000 区调和其他专题研究项目中被广泛应用。

3.3.1 西藏已普查主要超基性岩体的物探工作简况

已开展普查工作的超基性岩铬铁矿区（点），物探工作的具体情况见表 3.5。

表3.5 西藏超基性岩铬铁矿已普查的主要岩体物探工作简况表

行政区	岩体名称	面积/km²	物探工作面积/km²	含矿情况	物探异常		
					发现	验证	见矿
藏北安多	东巧西	45（17.5×1~4）	33.16	好，有多个矿群	921	42	3
安多	东巧东	18（10×0.5~3.5）	11.91	有矿点11个	22	5	0
安多	东风（东）	9（7.5×1.5）		有矿点48处			
那曲	依拉山	17（13×2）	10.04	好，有多个矿群	42	20	3
那曲	称曲	1.4（3.2×0.4）		有矿点			
那曲	切里湖	55（13×3~12）	30.58	有70多个矿点	65	14	1
班戈	江错	13（13×1~4）	1.04	好，有多个矿体	5	4	1
丁青	丁青东	400（88.5×2~6）		有矿点180处			
丁青	丁青西	150（30×2.5~8）		有矿点123处			
藏南曲松	罗布莎-香卡山	70（43×0.3~3.7）	7.71	好，有多个矿群	148	36	6
仁布	仁布西	160（52.5×2.5~3.5）	0.92	有10个矿体	18	1	1
仁布	仁布东	16（13×2.5）	3	有20矿点			
泽当	泽当西（鲁巴垂、白岗）	80（22×2~6）	1.80	有30个矿点	1		
朗县	鲁见沟	1.4（2.4×0.6）		有40多个矿体			
仲巴	休古嘎布		3	20多个矿体	16	0	0
日喀则	日喀则		47	10多个矿体		0	0

（据张浩勇等，1993）

3.3.2 西藏铬铁矿物探工作

1955年至1963年，物探重磁方法找铬铁矿是用中低精度重力仪以及用扭秤测量，结果找矿效果不好。但从1962年开始，在新疆首次使用从加拿大引进的高精度重力仪，在西准噶尔一个戈壁滩上的隐伏超基性岩体上普查找矿（该岩体为航磁发现、地面磁测圈定，并根据异常形态命名为鲸鱼岩体），结果发现了几个重力异常，选择其中重力异常强度为0.2mGal、高重低磁对应较好的5号异常，以钻探验证，于1963年7月在孔深20m处见致密块状铬铁矿体，矿厚20m，最终求得储量约20万t。这是使用高精度重力方法在我国找到较大铬铁矿体的首次成功范例，这也促使地质部决定从1964年起以新疆为重点开展铬铁矿普查会战。1966年在西藏北部的东巧西岩体上又根据高精度重力异常钻探验证发现105、107和17-2等

3 个盲矿体,重力异常强度分别为 0.2mGal、0.3mGal、0.6mGal,高重力和低磁异常对应,最终求得矿量分别约为 5 万 t、15 万 t 和 25 万 t。1973 年又在藏北的依拉山岩体上通过验证重磁异常不仅扩大了已知的 1 号和 5 号矿体,而且还发现了新的 6 号盲矿体。1979 年在藏南香卡山矿区上验证物探重磁异常扩展了已知 141 号矿体的长度,并发现了几个新的盲矿体,从而显著扩大了 XIV 矿群的规模,现在该矿群的储量已超过 60 万 t,成为目前该矿区的较大矿群。新近在 XIV 矿群南东侧探获新矿体——Cr-168 矿体,高品位资源量近 100 万 t。但是验证物探异常未见矿的实例更多,在内蒙古和新疆常见到的非矿干扰体主要是辉长岩、角岩、凝灰岩等,还有硅化、碳酸盐化超基性岩,它们都常具有与铬铁矿类似的高密度弱磁性的物性特征,所以重磁异常也相似。而在西藏不见矿的主要原因不是上述干扰体,而是超基性岩本身密度不均匀以及因岩体地形切割深、起伏大而且海拔高等因素造成重力测量的各项外部影响的校正不完善,使得重力异常的形态畸变,甚至出现假异常。

除直接找矿外,物探资料还可用于在岩体上间接找矿和研究岩体范围和形态,在新疆和西藏的不少岩体上已经提供过一些成果,前已介绍,不再重述。

在过去的 46 年里,西藏已做过不同程度物探工作的超基性岩体共有 14 个(不包括仅作航磁异常检查的岩体),投入工作较多研究程度较深的岩体为:罗布莎-香卡山、东巧西、依拉山、切里湖 4 个;投入工作量少研究程度也不足的岩体有:仁布西、仁布东、日喀则西、泽当西、泽当东、江错、称曲、东巧东 8 个;还有 2 个工作程度更低,仅具踏勘性质的岩体是休古嘎布和曲基。可见总的物探工作程度很低,需要做也可能做的物探工作很多,找矿潜力很大。

3.3.3 遥感工作

由于西藏山高缺氧、地广人稀,野外地质工作困难很多,所以早在 20 世纪 70 年代就引入了遥感方法用于 1:100 万的区调工作;早期使用航片,后来又引入卫片,遥感在 1:20 万区调和其他专题研究项目中被广泛应用。西藏区调队沈德芬 1991 年在《西藏地质》第一期刊文,总结了在区调工作中应用遥感资料对航卫片图像建立地质判译标志的经验和实例。1994 年成都地质矿产研究所何允中在藏南一江两河成矿区划项目中承担了遥感解译任务,编写了成果报告。同年云南省地质矿产勘查开发局张忻在藏东川西三江地区遥感解译项目中,总结了本地区应用遥感资料进行地质解译的成果并提交了相应报告。2006～2012年西藏地调院承担的西藏矿产潜力评价项目中，也包含了遥感资料研究专题，并编写了遥感解译专题报告。对超基性岩铬铁矿的遥感解译成果可归纳为以下几点。

第一，西藏超基性岩铬铁矿的遥感图像都是深色调，为均匀的绿黑色或黄褐色、紫色，多具不规则粗糙斑状花纹，呈不规则点状、块状。而超基性岩的围岩多为沉积岩和浅变质岩，其遥感图像多为浅灰至深灰色调，相对较浅。常有线状或树枝状花纹，表面较光滑，所以较易判译超基性岩带和岩体的位置和范围。

第二，根据遥感图像中明显的线性构造判译大的断裂带较有把握，而这些断裂带又控制着超基性岩体的展布。最典型的实例就是藏南的北西西转东西向的雅鲁藏布江构造带和藏东的三江构造带。依据遥感图像特征可以看出，在雅鲁藏布江构造带中段的峡谷区（大竹卡至曲水色麦）将构造带分为东西两段，西段宽50km，含超基性岩带的深色调图像，形成宽约10km的明显线性构造带，成为西段的主干；而雅鲁藏布江东段构造带比西段窄，宽10～20km。此外，在雅鲁藏布江构造带以南30km处，还有一条与之平行的东西向构造带，长达300km，宽10～20km，位于江孜以北羊卓雍错一带。而在藏东三江构造带遥感图像反映与物化探资料一致，其线性构造及色调异常明显，反映为三条互相独立的深断裂，不存在局部合并的迹象。

第三，在西藏矿产潜力评价项目中，铬铁矿超基性岩遥感工作以解译构造线为主，并讨论了一些成矿带上的遥感信息，得出了一些新认识。例如，推断藏北湖区的下伏地层中可能有更大规模的超基性岩存在；在班公错－怒江构造带的丁青岩体，遥感影像上蛇绿岩呈深紫色，特征明显，边界清晰，已知铬铁矿均分布在蛇绿岩内。

在藏南岩带上遥感解译的构造线和岩体走向均与实际相符，蛇绿岩分布主要受雅鲁藏布江缝合带南、北主断裂控制，影像呈蓝紫色，特征明显，标志清晰。多数已知铬铁矿分布在南北断裂之间的蛇绿岩内。

CⅣ-1-5 仁布－曲松 Cr（Pt）、Fe（Mn）、Au（Ag）、Cu、Sb、宝玉石成矿亚带的三级成矿带内，有罗布莎蛇绿岩型铬铁矿预测工作区、研究区解译出的超基性岩，主要分布在预测研究区的西段，东段影像有植被和冰雪覆盖，岩体影像特征不明显。雅鲁藏布江缝合带的北断裂，严格控制了超基性岩体的分布。超基性岩和断裂与铬铁矿成矿关系密切。

3.4 化探工作

从 20 世纪 50 年代开始，在新疆找铬铁矿时就试用过化探方法，主要是用岩石原生晕和土壤次生晕测量，主要分析与铬矿有关 Cr、Ni、Co、V、Ti、Mn 等元素，但效果都平平。1966 年在西藏东巧西岩体上也作过类似的化探试验工作，效果也不好，所以在以往的铬铁矿普查中一直未使用化探方法。

20 世纪 80 年代初，新疆地矿局物探队张林等在萨尔托海和唐巴勒超基性岩体上发现铬铁矿周围岩体的岩石样品中存在高含量硼（B）异常，强度可达 $30 \times 10^{-6} \sim 300 \times 10^{-6}$；钻孔中含量更高，可达 $100 \times 10^{-6} \sim 1000 \times 10^{-6}$，而远离矿体处则逐渐降至正常值 20×10^{-6}。样品测试方法为光谱分析，共采集了 10000 多件地表岩石样和近 10000 件钻孔岩心样（取自 205 个孔，进尺约 10 万 m）。高硼异常包围着矿体，在地面和地下都是如此，而在矿体上硼并不高，引起硼异常的原因是存在硼镁石及高硼的铬石榴石、铬符山石、铬电气石等。

借鉴新疆的方法，西藏在罗布莎矿区也进行了试验工作，采集样品 536 件。对样品的分析结果进行了对比研究，结果表明：硼元素与铬铁矿没有必然的相关关系。岩体中硼元素的聚集，可能与超基性岩的碳酸岩化关系更密切。这点在新疆唐巴勒超基性岩体上也得到了证实，硼异常高的地段都是岩体近边部，碳酸岩化比较强的超基性岩与矿无密切关系。

4 西藏超基性岩体地质特征

4.1 超基性岩体构造类型划分

西藏的超基性岩体，按其形成的地质背景可以划分为：蛇绿岩型和非蛇绿岩型，不同类型的岩体有不同的地质特征。

4.1.1 蛇绿岩型超基性岩体

蛇绿岩是由堆晶岩、地幔橄榄岩和深海沉积物3部分组成。

西藏分布的超基性岩体，95%为蛇绿岩型岩体。时间上包括前华力西晚期、华力西晚期—印支期、印支期、燕山期和燕山晚期—喜马拉雅早期。空间上分布在藏南的雅鲁藏布江蛇绿岩带、藏北的班公错－怒江蛇绿岩带和金沙江蛇绿岩带。

4.1.1.1 岩体中堆晶岩的分布特征

堆晶杂岩以其结构构造和矿物学特征表明它是由镁质岩浆经晶体的沉淀堆积作用所形成，往往显示出明显的分异演化趋势。在发育完好的蛇绿岩剖面上，堆晶岩位于地幔变质橄榄岩之上，枕状熔岩和席状岩墙群之下。堆晶岩与下伏的变质橄榄岩之间通常有一个厚度不大的过渡带。但在受到强烈变形作用时，要鉴别地幔橄榄岩和过渡带岩石是困难的。堆晶杂岩包括从超镁铁质、镁铁质甚至到长英质的一大套岩石，这些岩石的产状、厚度都变化很大。

藏南已知的4个较大的堆晶杂岩体一般都具有板状外形，其产状类似一种岩床，即沿走向延伸较大而厚度有限。吉定堆晶剖面的最小厚度仅400～500m，而罗布莎堆晶剖面的最大厚度达900m以上，大竹区和白岗堆晶岩的厚度则介于两者之间。

堆晶杂岩内部通常都显示程度不同的模糊分带，表现在岩相上由下而上由基性到酸性的垂直变化。这种层序特征通常被认为是由分离结晶作用形成的。

堆晶杂岩剖面内部成分不一，层序特征不同，规模各不一样。然而，通常都由临界带、层状杂岩和均质辉长岩3个单元组成。三者在每个具体堆积岩剖面中发育程度不相同。例如，大竹区和罗布莎以发育较厚的临界带（400~500m）为特征，而吉定堆晶岩中临界带相当薄（仅40m左右）。又如，白岗堆积岩中层状杂岩厚度最大，达400m；大竹区仅200m左右；而罗布莎缺失典型的层状辉长岩。均质辉长岩的发育程度也各处不一，由几十米至200m不等。

藏北岩带目前发现的堆晶岩出露点有8处，它们遍布于几个亚带中。

a. 北部亚带：各种堆晶岩露头呈零乱分布，无明显和稳定的堆晶层理，无法构成一个连续剖面，如红旗山杂岩体和多普尔曲杂岩体。

b. 中部亚带：堆晶杂岩出现有层序构造的连续剖面，下部为超镁铁质岩，上部为层状辉长岩和均质辉长岩，如切里湖西扎拉朗剖面。阿多至白拉的超镁铁岩、白拉附近拉青拉剖面可能也属此类。

c. 南部亚带、堆晶杂岩既有规则的层序构造又有典型的韵律性特征。总的特点是由北向南堆晶构造由差到良，岩石组合由简单到复杂。作为分离结晶作用晚期生成物的奥长花岗岩仅在安多、白拉附近有少量出露，这意味着岩浆分异作用微弱。上述堆晶岩的厚度都不大，表明岩浆房规模较小且分散，外来熔体的补给有限。

4.1.1.2 岩体中地幔橄榄岩的分布特征

地幔橄榄岩是指具构造组构的，由橄榄石、斜方辉石、单斜辉石和铬尖晶石组成的超镁铁质岩。地幔橄榄岩剖面结构的一个特点是常显示不同程度的岩石（也是化学的）垂直分带。

a. 藏南地幔橄榄岩类型：一种是高熔残余类型，见于雅鲁藏布江岩带东段，以罗布莎岩体为代表。该类型以纯橄岩发育为特征，其数量约占地幔橄榄岩的10%~15%。其剖面层序由上而下可划分2个岩石亚带：①上亚带为纯橄岩–斜辉辉橄岩（含单斜辉石）杂岩带，该带上部是铬铁矿体相对集中分布的地段，厚度变化于300~600m之间。最上部有时以纯橄岩为主，夹有少量的斜辉辉橄岩残留体。其上与堆晶岩层接触，向下纯橄岩逐渐减少，纯橄岩厚度变化大。②下亚带即含单辉的斜辉橄榄岩－二辉橄榄岩亚带，这两种岩石往往组成杂岩，互相过渡，主要出现在底部。

地幔橄榄岩在侵位时常发生强烈变形和褶皱，以罗布莎岩体最为典型，首先是一个倒转岩体。在强烈变形的橄榄岩中，多数橄榄岩呈长透镜状或似板状，与主体橄榄岩有相同的定向构造和产状，基本上为整合的。在日喀则地区，这种变形表现不明显。地幔橄榄岩的变质组构表现为叶理的发育和某种脆性的破碎。

另一种是低熔残余类型，即剖面上部由基本不含单斜辉石（或极少）的斜辉辉橄岩或斜辉橄榄岩组成，很少含纯橄岩。地幔橄榄岩的厚度不等，由数百米至2000余米。上部蛇纹石化较下部为强。剖面下部则由含单斜辉石的斜辉橄榄岩和二辉橄榄岩组成，其厚度各处不一，最厚达 4～5km。上、下之间无明显分界，呈渐变过渡。该类型主要发育在日喀则地区，如路曲、大竹区、吉定和桑桑南等剖面。白岗地幔橄榄岩剖面略显不同的是：其上部的斜辉橄榄岩中普遍含单斜辉石，甚至在其顶部与堆晶岩接触带附近也不例外，下部单斜辉石增多，有些地方过渡到二辉橄榄岩。

b. 藏北地幔橄榄岩：具变形组构的超镁铁质岩，具有典型的变晶结构、重结晶结构和矿物的波状消光、矿物的拉长、压扁、定向排列等。如在东巧岩体的纯橄岩和斜辉辉橄岩中的橄榄石和斜方辉石中可以看到扭折带的发育，它的特点类似于钠长石双晶和波状消光，但相邻带之间的界线很清楚，且较平直，同名光学主轴之间的夹角可以达到10°左右。蛇纹石化以后遗留下来的橄榄石和斜方辉石残晶也有这种构造。藏北变形橄榄岩的重结晶碎斑与压扁结构也有所发育，如东巧岩体蛇纹石化斜辉橄榄岩中出现相对较大的并受到挤压的橄榄石颗粒或颗粒的结合体，大的碎斑直径可达 0.6cm，它们被一些碎粒状的细颗粒所包围。有的薄片中可以见到柱状矿物被拉长或压扁按一定方向排列，颗粒之间呈波线状接触，甚至可以看到明显的粒间重熔以及重结晶等变晶结构。

不具明显变形组构的超镁铁质岩，丁青岩体、蓬错西岩体、依拉山岩体等都含有此类岩石。以丁青岩体为例，岩石一般具块状或层状构造，基本上看不到叶理或线理。少数露头上可见到微弱的变形变质现象但不连续。它们在矿物成分上常常是变化的，某些部分橄榄石相对集中成带，另一些部分斜方辉石集中成带。藏北的这种类型超镁铁质岩体一般都是规模比较大（长达几千米至十多千米），在产状上直接受大的断裂所控制。

c. 非蛇绿岩型超基性岩：西藏非蛇绿岩型基性超基性岩体在时空上分布十分有限，仅在华力西晚期—印支期的澜沧江岩带上有所发现，其他地方未见分布。澜沧江基性超基性岩带北起青海觉木错以西，经西藏木塔、金多，向南进入滇西，经孟连延伸出国境，总长千余千米。该带在西藏和青海境内，已知的岩体只有十几个，但研究程度很低，缺乏可靠的资料。如木塔辉石岩体（面积仅 5.7km²）、金多超基性岩体和芒康辉长岩体，均位于澜沧江断裂西侧，构造侵位在下—中侏罗统中，该带的主要部分在云南境内。

该带在本区是华力西晚期—印支期形成的以基性岩为主的铁质基性超基性岩带。

4.2　超基性岩体的岩石组合类型

4.2.1　地幔橄榄岩组合类型

斜辉辉橄岩－纯橄岩－二辉橄榄岩型，其中以斜辉辉橄岩为主，纯橄岩透镜体15%～35%，以罗布莎岩体为代表，秀章和仁布岩体群中部分岩体，东巧西岩体、依拉山岩体、蓬错岩体也属此类。这些岩体中罗布莎岩体的分带性最明显，单一的大纯橄岩相带独立存在，其他岩体则不那么明显。

斜辉（或二辉）橄榄岩－纯橄岩型，岩体主要由这两种岩石组成。如西段的卡站、达机翁、斯朗如里岩体属于此类。

纯橄岩型，以纯橄岩为主体，少量为斜辉辉橄岩，赋存有铬铁矿体，如达如错岩体。

4.2.2　基性－超基性堆晶岩主要组合类型

基性－超基性堆晶岩一般皆与地幔橄榄岩相伴，可分两个类型。

（含单辉）纯橄岩－异剥（二辉）橄榄岩－异剥辉石岩（橄辉岩）－辉长岩组合。此类超基性堆晶岩中一般不含长石，而在某些堆晶岩中不含橄榄石，如罗布莎、红旗山、依拉山、切里湖、蓬错西等岩体中的堆晶岩属此类。

含长纯橄岩 – 含长异剥橄榄岩 – 长橄岩 – 橄长岩 – 橄榄辉长岩和辉长岩，本类型在超基性堆晶岩中含长石，而在基性堆晶岩中含橄榄石，如洞错岩体。

4.3 主要超基性岩体地质

4.3.1 藏南岩带的超基性岩体

根据现有资料统计，藏南共有 71 个岩体（群），其中罗布莎超基性岩体中罗布莎铬铁矿区的 Ⅱ、Ⅰ 矿群达到勘探程度。少数岩体工作程度达到普查阶段，有些岩体系航磁异常检查或引用 1：1000000 区调资料，有 10 个岩体没有资料。总体来说，藏南的超基性岩体工作程度低，可利用资料少。现据已有资料，对藏南的岩体特征分述如下。

a. 岩体规模：已有资料的 51 个岩体（群）统计（其余岩体缺资料）结果显示，岩体（群）的地表出露面积小于 $5km^2$ 的有 26 个，占总数的 51%；大于 $5km^2$ ~ $10km^2$ 的有 3 个，占 5.9%；$50km^2$ ~ $100km^2$ 的有 6 个，占 11.8%；$100km^2$ ~ $400km^2$ 的有 6 个，占 11.8%；大于 $400km^2$ 的仅有东坡（$414km^2$）、普兰（$600km^2$）、日喀则西（$600km^2$）三个岩体，占 5.9%。总体看，仁布以西的岩体规模较大，出露面积大于 $50km^2$ 的占总数的 29.4%，而仁布以东的岩体规模较其西的小，且出露面积小于 $5km^2$ 者占的比例较大。

b. 岩体的形态、产状：受雅鲁藏布江缝合带主断裂及次级断裂控制，岩体断续呈带状分布，各岩体的长宽比大多在 8：1 ~ 40：1，西宽东窄。岩体与围岩的界线多数较规则，有些边界拐折较多。在横向上岩体呈南倾的单斜、不对称的漏斗状。岩带走向变化也大，呈近东西向、北东向、北西向展布者均有，多数岩体向南倾，倾角陡缓不一。其西段老武起拉至仲巴一带岩体随主断裂呈北西 – 南东向展布，并分为近似平行的相距 20 ~ 45km 的两个亚带：位于北侧者称丁波 – 马攸木拉亚带，岩体多呈脉状、串珠状、透镜状或肾状产出；位于南侧者称札达 – 马泉河亚带，岩体规模较大，岩体多为不规则的宽脉状或不规则的肾状、透镜状、长条形等。仲巴以东至朗县一带，岩体多呈脉状、长条状、不规则透镜状、囊状等，沿雅鲁藏布江主断裂呈近东西向断续分布；朗县以东至旁辛一带，雅鲁藏布江主断裂由近东西转向北东，再转向南东的大拐弯部位，一些小岩体断续呈脉状分布。

藏南岩带其他岩体工作程度很低，现以工作程度较高的罗布莎岩体为例阐述其特征：罗布莎岩体东西长约 43km，南北宽一般为 1～2km，中部最宽处达 3.75km，面积约 70km^2。平面上呈反"S"形展布（图 4.1），岩体总体走向近东西，倾向南，延深大于 1500m。北界岩体逆冲在上白垩统及古近系—新近系罗布莎群砾岩之上，东西两侧倾角变化大，在岩体西部藏郎曲以西，倾角 50°～70°，在中部德热曲至那当曲，岩体北界倾角为 25°～40°，而向东莎神至加勒日桑倾角为 70°左右；岩体南界与上三叠统类复理石建造呈断层接触，接触带倾向南，倾角变化大，藏郎曲以西倾角 45°～60°，罗布莎矿区倾角 50°左右，向东的香卡山矿区倾角在 60°左右，个别地段地表和浅部岩体向北倾，向下逐渐拐向南，在康金拉一带倾角大于 70°。

剖面上，岩体为一向南倾斜的无根不对称漏斗状。与典型的蛇绿岩套剖面对比，罗布莎岩体是一个壳幔层序较齐全的岩体，地幔层序分布于岩体南部（上部），地壳层序分布于北部（下部）。

c. 岩体构造岩相特征：岩体主要由两套成分不同的岩石组合而成。一套为镁质系列，主要由斜辉辉橄岩、纯橄岩、斜辉橄榄岩、二辉橄榄岩等组成，M/F 值总体大于 8，是岩体的主体，出露面积达 80% 以上；另一套为铁镁质系列，主要由异剥橄榄岩、单辉辉橄岩、辉石岩以及辉长辉绿岩等组成。M/F 值小于 6.5，主要分布在岩体西部罗布莎 – 香卡山段岩体的北部边缘，宽度一般 50～300m，最大出露宽度 650m，岩石新鲜且具有明显的堆晶结构。

根据岩石组合、岩石化学特征，岩体内自北向南可分为：异剥橄榄岩 – 辉长岩杂岩相带（ZH）、纯橄岩岩相带（φ_1）和斜辉辉橄岩夹纯橄岩岩相带（$\varphi_2 + \varphi_1$）等 3 个带（图 4.2）。

异剥橄榄岩 – 辉长岩杂岩岩相带（ZH）是堆晶杂岩带，在地表主要出露于岩体西端及北部边缘至那当曲一带，在罗布莎矿区北部偶见于纯橄岩岩相带与斜辉辉橄岩岩相带之间。杂岩带宽 50～300m，由异剥橄榄岩、异剥辉橄岩、橄榄异剥岩、异剥辉石岩、辉长岩等组成，偶见橄长岩，还可见少量强片理化斜辉辉橄岩和纯橄岩，赋存有很小的致密块状铬铁矿体。杂岩岩相带与纯橄岩岩相带接触处有蛇纹石蚀变边。与斜辉辉橄岩岩相带多为构造接触。

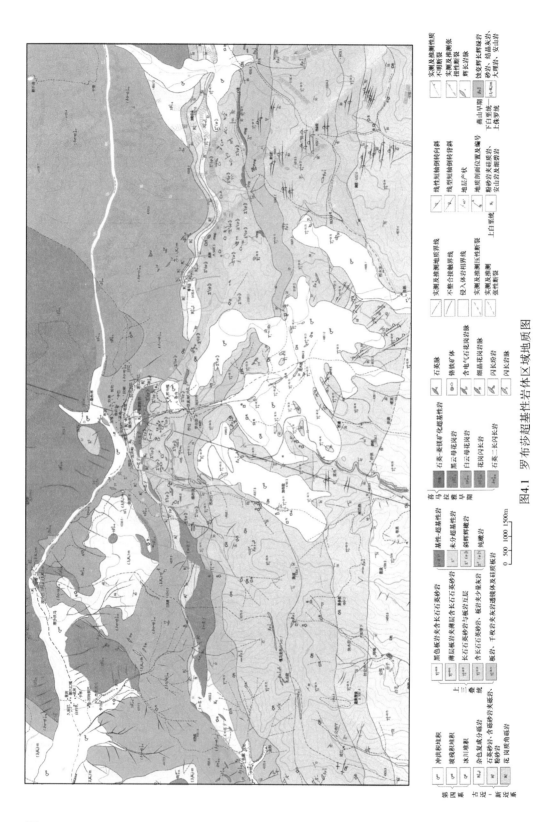

图4.1 罗布沙超基性岩体区域地质图

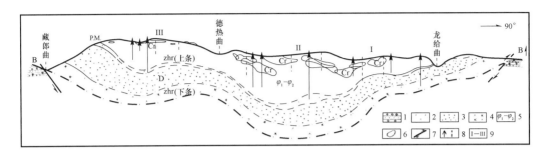

图 4.2 罗布莎岩体西段形态产状、岩相带、铬铁矿体纵向展布示意图

1—新近系罗布莎群砂岩；2—斜辉辉橄岩；3—纯橄岩岩相带；4—堆晶杂岩带；5—含纯橄岩－斜辉辉橄岩岩相带；

6—铬铁矿体；7—断层；8—钻孔；9—矿群编号

　　纯橄岩岩相带（φ_1）大致平行于岩体北部边界出露，呈似层状近东西向产出，连续性好。受构造影响，出露形态不规则，宽度变化较大，罗布莎—香卡山一带，纯橄岩岩相出露宽度 700～1700m，在康金拉一带，宽度逐渐变小，而在奶拉那附近趋于尖灭，多个钻孔证实其在深部分布稳定。岩石类型主要为纯橄岩，有极少量的含单辉纯橄岩，偶见单辉橄榄岩条带、单斜辉石系异剥辉石。岩石的花岗变晶结构普遍存在，橄榄石多具波状消光、晶格错动、机械滑动双晶等塑性形变特征明显。岩石的 M/F 值为 8～11.6，属镁质超基性岩。在岩相带的上部和下部，多有铬铁矿体产出，矿石类型以稀疏浸染状、中等浸染状为主，见少量致密块状矿石。具一定规模、呈稀疏浸染状的 Cr－116 矿体位于其中。纯橄岩岩相带与斜辉辉橄岩夹纯橄岩岩相带的接触关系，在矿区内主要为一角砾岩带，角砾以斜辉辉橄岩为主，纯橄岩次之，胶结物也为同类岩石。也见两相带截然清楚的折线状接触。

　　斜辉辉橄岩夹纯橄岩岩相带（$\varphi_2 + \varphi_1$）是岩体的主要组成部分，广泛分布于岩体的中部及南部的大部分地段，分布面积占岩体总面积的 70% 左右，宽窄变化很大，在罗布莎 II 矿群宽约 1800m，出露最宽处在香卡山，可达 2200m 以上。钻孔证实，向下延伸很大。据科研钻探资料，沿垂深超过 1000m，沿倾斜方向超过 1500m。岩相带的岩石以斜辉辉橄岩为主，夹有大小不等、形态各异的纯橄岩和少量的含辉纯橄岩、二辉辉橄岩、二辉橄榄岩透镜体。镜下鉴定，斜辉辉橄岩中普遍含有透辉石，含量在 1%～2%。岩石普遍具有交代变晶结构、交代残余结构，纯橄岩透镜体集中分布在北部纯橄岩岩相带附近和岩体中部的含矿构造岩相带内，二辉橄榄岩主要分布在远离纯橄岩的南部边缘。

该岩相带在靠近纯橄岩岩相带接触带的一定距离内，岩性多变，厚度不大的斜辉辉橄岩、纯橄岩频繁交替，蛇纹石化较强，还伴随有较多的构造破碎带、片理化带和辉长 – 辉绿岩脉出现，是岩体内豆荚状铬铁矿体产出的主要部位，主要铬铁矿体都产在其中，我们将其单独划为"含矿构造岩相带"，是岩体内至今已查明铬铁矿资源量的主要地段。

d. 岩石化学及地球化学：岩石化学特征：据280多个岩石全分析样的结果，可看出有以下几点。

超基性岩类：为高铬，Cr_2O_3 平均为0.64%，M/F值 >7，b值 >60，岩石属正常系列；其中有8.7%的纯橄岩和斜辉辉橄岩，属铝过饱和系列。

斜辉辉橄岩夹纯橄岩岩相带中的斜辉辉橄岩，M/F为9.64，纯橄岩为10.76；纯橄岩岩相带的M/F为11.55；杂岩相中超基性岩的M/F平均值为6.48。表明地幔橄榄岩属镁质超基性岩，而堆晶杂岩相为铁镁质超基性岩。

斜辉辉橄岩夹纯橄岩岩相带的b值在60~67之间，大多大于63，堆晶杂岩相中超基性岩的b值在50~65之间，绝大多数小于58。

对斜辉辉橄岩夹纯橄岩岩相带的CaO（279个样）含量及M/F值（234个样）趋势分析的结果表明：纵向上Ⅰ、Ⅴ矿群和Ⅲ、Ⅶ矿群的CaO含量，较中部的Ⅰ、Ⅱ矿群的CaO含量低；横向上的变化也是很小的。M/F值的变化与CaO基本相同。CaO在Ⅰ、Ⅴ矿群和Ⅲ、Ⅶ矿群的地表矿体的含量，小于1.10%，而在Ⅱ矿群的诸矿体上CaO含量均大于1.40%或更高。

基性岩类：即辉长岩类，b值26~45，a + c值多在13~16之间，M/F值为1.5~3.7，Cr值 <1，Q值多为6~9。

罗布莎岩体镁质超基性岩的化学特征，与国内外同类型岩体对比，CaO、Al_2O_3、SiO_2 较高，MgO较低，（M + F）/S值显著较低。与阿尔卑斯型橄榄岩、大洋地幔岩的成分非常接近。

地球化学特征：据4条剖面700多个基岩半定量光谱分析表明，岩石中微量元素平均含量与基性 – 超基性岩平均值相比，Cr、Cu、Zn较高，Ni、Co一般，Mn、Be、As、Ba、B、Pb、Sn、V等均低。Ti在辉长岩中较高。

造矿铬尖晶石和附生铬尖晶石特征：铬尖晶石是含铬超基性岩的主要特征矿物，铬尖晶石成分的不同，充分反映了成岩成矿环境和成矿地质条件的差异，对寻找和勘查铬铁矿资源起着积极的指导作用。

罗布莎岩体不同岩相带、不同岩性、不同部位的附生铬尖晶石成分特征见

表4.1、表4.2、表4.3、表4.4、表4.5、表4.6。

表4.1 异剥橄榄岩 – 辉长岩杂岩岩相带（ZH）中附生铬尖晶石成分特征表

铬尖晶石类型	$Cr_2O_3/<FeO>$	Cr_2O_3/Al_2O_3	$MgO/<FeO>$	fCr	岩 性
富铁铝铬铁矿	1.51～2.50	2.29～4.55	0.28～0.63	65.5～68.8	φ_5、φ_1^1、φ_1^3
富铁铬铁矿	2.40	5.45	0.43	60.1	φ_3^3
铝铬铁矿	2.37	4.25	0.40		φ_1^1

表4.2 纯橄岩岩相带（φ_1）中附生铬尖晶石成分特征表

铬尖晶石类型	$Cr_2O_3/<FeO>$	Cr_2O_3/Al_2O_3	$MgO/<FeO>$	fCr	岩 性
铬铁矿	2.71～3.60	4.71～8.85	0.51～0.63	44.1～57.3	φ_1^1
富铁铬铁矿	2.13～2.29	7.23～7.63	0.30～0.37	59.0～66.0	φ_1^1
富铁铝铬铁矿	1.03	2.54	0.16		φ_1^1

表4.3 斜辉辉橄岩夹纯橄岩岩相带（$\varphi_2+\varphi_1$）近矿纯橄岩的附生铬尖晶石成分特征表

铬尖晶石类型	$Cr_2O_3/<FeO>$	Cr_2O_3/Al_2O_3	$MgO/<FeO>$	fCr	岩 性
铬铁矿	2.48～3.11	4.96～6.20	0.43～0.69	43.5～58.5	φ_1^1
铝铬铁矿	2.66～2.73	3.38～4.31	0.51～0.65	54.1～61.8	φ_1^1
富铁铝铬铁矿	1.52～2.00	3.44～4.014	0.31～0.40	62.0～65.6	φ_1^1
硬铬尖晶石	1.48～1.55	0.65～0.71	0.98～0.99	72.0～76.9	φ_1^1

表4.4 斜辉辉橄岩夹纯橄岩岩相带（$\varphi_2+\varphi_1$）中纯橄岩的附生铬尖晶石成分特征表

铬尖晶石类型	$Cr_2O_3/<FeO>$	Cr_2O_3/Al_2O_3	$MgO/<FeO>$	fCr	岩 性
铬铁矿	2.40～3.43	5.18～7.79	0.36～0.59	54.5～70.2	φ_1^1
铝铬铁矿	2.01～3.07	1.95～4.64	0.41～0.71	53.7～76.4	φ_1^1
富铁铬铁矿	2.11	5.48	0.34	65.8	φ_1^1
富铁铝铬铁矿	1.60～2.20	1.62～4.71	0.26～0.65	56.5～74.7	φ_1^1
硬铬尖晶石	1.26	1.34	0.54	47.9	φ_1^1

表4.5 斜辉辉橄岩夹纯橄岩岩相带中近矿斜辉辉橄岩的附生铬尖晶石成分特征表

铬尖晶石类型	$Cr_2O_3/<FeO>$	Cr_2O_3/Al_2O_3	$MgO/<FeO>$	fCr	岩 性
铬铁矿	3.49～3.62	4.90～5.14	0.78～0.82	44.1～47.5	φ_2^1
硬铬尖晶石	1.59～2.08	0.77～1.23	0.71～1.06	67.8～95.1	φ_2^1

表 4.6　斜辉辉橄岩夹纯橄岩岩相带（$\varphi_2 + \varphi_1$）中斜辉辉橄岩的附生铬尖晶石成分特征表

铬尖晶石类型	$Cr_2O_3/<FeO>$	Cr_2O_3/Al_2O_3	$MgO/<FeO>$	fCr	岩　性
铬铁矿	2.56 ~ 4.83	5.79 ~ 8.22	0.32 ~ 1.25	28.1 ~ 71.1	φ_2^1
铝铬铁矿	2.05 ~ 5.02	1.53 ~ 4.43	0.44 ~ 0.98	42.4 ~ 84.2	φ_2^1
富铁铝铬铁矿	2.45	1.81	0.91	42.7	φ_2^1
硬铬尖晶石	1.34 ~ 2.42	0.47 ~ 1.41	0.70 ~ 1.21	49.8 ~ 97.1	φ_2^1

上列各表表明：附生铬尖晶石在杂岩相中以富铁富铝为特征，在纯橄岩相中以高铬富铁为特征，而在斜辉辉橄岩相中则以高铝富镁为特征；附生铬尖晶石的类型则要复杂得多，不同岩相都有多个类型，尤以斜辉辉橄岩岩相中最为复杂，它随不同地段、不同岩性、同一岩性不同地段等因素而异，主要的类型有铬铁矿、铝铬铁矿、富铁铝铬铁矿、硬铬尖晶石等。区内主要的斜辉辉橄岩以硬铬尖晶石为主，即使是近矿斜辉辉橄岩也以硬铬尖晶石为主。而近矿纯橄岩中的铬尖晶石类型，上述四种类型都有。在相距仅几十米的纯橄岩相带（φ_1）和斜辉辉橄岩岩相带（$\varphi_2 + \varphi_1$）两个岩相接触处采集的两个附生铬尖晶石样的分析结果表明，二者的铬尖晶石成分差别很大。含矿构造岩相带中的附生铬尖晶石，与斜辉辉橄岩和纯橄岩的相似，只是 $<FeO>$ 的含量更高一些。

在罗布莎矿区内研究斜辉辉橄岩（共采集 116 个样）中附生铬尖晶石在空间上的变化发现，在走向上由西向东的变化为：硬铬尖晶石（Ⅶ矿群）→铝铬铁矿（Ⅲ矿群南）→硬铬尖晶石（Ⅲ矿群北）→铝铬铁矿（Ⅲ、Ⅱ矿群间）→铝铬铁矿、硬铬尖晶石（Ⅱ矿群北）→硬铬尖晶石（Ⅰ矿群北）→硬铬尖晶石（Ⅵ矿群）；在倾向上为铝铬铁矿和硬铬尖晶石。

区内造矿铬尖晶石样采集了 70 个，其中杂岩相 2 个样，纯橄岩相 6 个样，斜辉辉橄岩相 62 个样。综合结果如表 4.7。

表 4.7　造矿铬尖晶石成分特征表

岩相带	$Cr_2O_3/<FeO>$	Cr_2O_3/Al_2O_3	$MgO/<FeO>$	fCr	注　记
杂岩相中矿体	4.15	5.17 ~ 6.15	1.01 ~ 1.03	32.5 ~ 35.4	
纯橄岩相中矿体	3.09 ~ 4.02	4.82 ~ 5.86	0.83 ~ 0.93	37.5 ~ 53.3	
斜辉辉橄岩相中一些小矿体	3.36 ~ 4.16	2.82 ~ 4.67	0.87 ~ 1.18	37.4 ~ 44.8	9 个铝铬铁矿
（$\varphi_2 + \varphi_1$）主要矿体	3.57 ~ 4.95	4.96 ~ 7.02	0.79 ~ 1.29	19.5 ~ 46.5	铬铁矿

从上表可见，造矿铬尖晶石的各项比值，以斜辉辉橄岩夹纯橄岩岩相带（$\varphi_2 + \varphi_1$）中含矿构造岩相带内的铬铁矿体矿石质量最好。不同相带造矿铬尖晶石特征表现为：杂岩相中为高铬高镁，纯橄岩相中为高铬富铁，斜辉辉橄岩相中为高铬低铝；各类型矿石中造矿铬尖晶石成分变化不大，处于一个相对稳定的区间。但造矿铬尖晶石与附生铬尖晶石的对比显示，差别甚是明显。不同岩相带中铬铁矿体的成分都与同一相带中的附生铬尖晶石成分有明显差异。前者 Cr 和 Mg 较高，Fe 较低；后者特别是远矿斜辉辉橄岩中的附生铬尖晶石显得高 Al 低 Cr。此外，矿体与近矿薄壳纯橄岩可能具有同一生成环境，与斜辉辉橄岩的生成环境是有明显差异的。

以上所有造矿铬尖晶石和附生铬尖晶石的分析资料，充分说明罗布莎超基性岩铬铁矿成矿环境和铬铁矿体形成过程的多期性和复杂性。

4.3.2 藏北超基性岩体

经统计，藏北岩带共有 113 个岩体（群），其中仅有东巧西、依拉山两岩体工作程度达到详查（依拉山报告审查界定为普查）；东风、丁青东、丁青西、切里湖、江错、永珠等岩体都只开展了普查；称曲、盆湖、占中湖、压日玛果、阿日、甲马弄、索秋鄂玛、扎加藏布、红旗山、安自日不扎等岩体的工作程度只相当于预查阶段。另有 31 个岩体没有资料，其余岩体为经航磁异常检查或引用 1：100 万区调资料。总体来说，藏北超基性岩体工作程度低，可利用资料少。现据已有资料对藏北的岩体分述如下。

a. 岩体规模：据藏北（含藏东）已不同程度工作过的 81 个岩体（群）资料统计，岩体（群）出露面积小于 5km² 的 37 个，占总数 45%；5~10km² 的 8 个，占 9.9%；10~30km² 的 23 个，占 28.4%；30~50km² 的 9 个，占 11.1%；50~100km² 的仅有一个切里湖岩体（55km²）；大于 100km² 的也只有永珠（300km²）、丁青西（150km²）、丁青东（400km²）三个岩体，占 3.7%。根据以上数据可知藏北超基性岩体，绝大部分为出露面积小于 10km² 的小岩体（群）（占 55.6%）。

b. 岩体的形态、产状：该区超基性岩体均受缝合带主断裂及其次级断裂控制，多成带成群分布，其走向绝大部分与所处部位的主断裂方向一致，如班公错－怒江缝合带中的超基性岩体（群），在班公错至丁青一带，受主断裂的影响，多呈波状、弯曲状，且多呈近东西向、北西西向、北东东向展布，在怒江流域一带，岩体则呈北西向分布。另有少数岩体受其次级断裂控制，呈北东向或近南北向分布，如东巧－蓬错一带的江错、切里湖等岩体呈近南北向；纳木错西则个别岩体呈北东向等。岩体的形态，与所处的断裂性质和构造部位有关。总体而言，一般出露规模较小的岩体（群），如小于 $5km^2$ 的岩体，多呈不规则细长条状、细脉状产出，部分呈雁行斜列或串珠状排列；规模较大的岩体，多呈不规则脉状或条状，近东西向和北东东向展布，长宽比可达 40:1。呈北西西向者多呈宽脉状、宽条状、纺锤形，长宽比为 10:1 左右。呈近南北向者多呈长宽近似相等的不规则肾状、楔形。以工作程度较高的东巧西－东巧东－东风超基性岩体为例，三个岩体产于班公错－怒江缝合带的中段。沿日土－改则－丁青主断裂的中段呈北西西向断续构成一个小的岩带，东西长约 70km，三个岩体呈近似等距离分布。

东巧西岩体位于西端，长 17.5km，出露面积为 $45km^2$。岩体东西两端宽，东端最宽为 3.7km，西段最宽为 4.1km，中间收窄似"蜂腰"状，宽约 1.07km，平面形态呈豆荚状。岩体的西段北界与晚侏罗世—早白垩世东巧组（J_3—$K_1 d$）灰岩多呈构造接触。北界接触产状，走向为 275°，倾向北北东，倾角为 70°。岩体的南界与中侏罗系为侵入接触（局部地段为构造接触），接触带上见有碳酸盐化、片理化、滑石化，有超基性岩枝穿入围岩的现象。早白垩系和古近系覆盖于岩体之上。岩体总的产状向北倾，倾角 30° 左右，为一个北陡南缓的单斜岩体。

东巧东岩体位于安多县东巧区以东 10.5~24km 之间。岩体长约 10.6km，宽 0.8~3.5km，出露面积 $18km^2$。平面形态为一楔形，走向近东西，倾向北，为一单斜岩体。

东风岩体位于该小岩带的东端，按其出露分布情况又可分为东岩体和西岩体两部分：其中东岩体总体为一狭长带状，呈北西西－南东东向展布（300°~120°），在岩体中部发生拐折，东段呈正东西向展布，西段呈 140°~320° 方向展布。总长 7.5km，东、西两段出露宽度 1.5km，中部最窄 0.8km，出露面积 $9.05km^2$；西岩体位于东岩体的西南，长 10.5km，总的走向 80°~260°，呈断续带状分布。岩体的南侧出露有泥盆系、石炭系，西南及西面出露有侏罗系，呈侵入接触关系，局部地段为断层接触。岩体为一产状北倾，东段较陡，西段较缓的脉状单斜岩体。

c. 构造岩相特征：东巧西岩体的岩石类型以斜辉辉橄岩为主，次为纯橄岩、斜辉橄榄岩等。据岩石的分布和组合特征划分为三个岩相带。

南部含纯橄岩－斜辉辉橄岩岩相带：以斜辉辉橄岩为主，其中含有大小不等的纯橄岩。在东段的纯橄岩数量较多，并呈大小不等条带状透镜体和团块状与斜辉辉橄岩呈过渡关系，此现象颇为明显。在西段纯橄岩较少，且多呈透镜体状、团块状分布于矿体附近。

中部纯橄岩－斜辉辉橄岩岩相带：位于岩体近中轴部位，主要由纯橄岩异离体、纯橄岩脉状体和斜辉辉橄岩组成，其中还有晚期形成的Ⅱ、Ⅳ号纯橄岩体。岩石组合较为复杂，主要铬铁矿体均分布于该带内，矿体附近常有纯橄岩伴随，远离矿体则很少见到较大的纯橄岩。铬铁矿体只赋存在岩相带中的局部地段，并非普遍存在。

北部斜辉橄榄岩－斜辉辉橄岩岩相带：以斜辉辉橄岩为主体，由较多的斜辉橄榄岩异离体及少量的纯橄岩异离体和含辉石较高的斜辉辉橄岩组成。其中纯橄岩脉和伟晶辉石岩脉较发育。

d. 岩石化学及地球化学：据东巧西岩体10个岩石化学全分析样，按肖序常法计算后，岩石多属正常系列，只有两个（斜辉橄榄岩、纯橄岩各一个）样为铝过饱和系列。M/F值和Cr值较高，平均分别可达10.33和66.85，岩体属镁质超基性岩。

纯橄岩与斜辉辉橄岩、斜辉橄榄岩相比，Cr与a+c值随岩石酸性程度的增高由高到低变化；M/F值以斜辉辉橄岩最高，纯橄岩次之，斜辉橄榄岩最低。纯橄岩有两个样含ti高，ti值分别为1.53、5.36，斜辉辉橄岩大部分不含钛，斜辉橄榄含钛较低。

另外，据34个斜辉辉橄岩全分析资料表明，岩体中带的Cr、Mg、Mg+<Fe>最高，Ca、Si最低，南带与此正相反，北带界于南、中带之间，展示了明显的分带性。M/F值：北带平均最高为10.83，其次中带平均为10.08，南带平均最低为9.48。

据71个岩石全分析资料表明，由斜辉辉橄岩→近矿斜辉辉橄岩→纯橄岩异离体→纯橄岩细脉→Ⅱ、Ⅳ号大纯橄岩，Cr值有依次增高的现象。

Al值变化较大，Ⅳ号大纯橄岩最高为4.66，近矿斜辉辉橄岩为0.79，其他岩石均较低为0.30~0.44。

纯橄岩异离体和Ⅱ、Ⅳ号大纯橄岩的Ca、Si、Mg、M/F、Mg+<Fe>值均相近，无明显差异。

e. 附生和造矿铬尖晶石特征：通过4个造矿铬尖晶石样和5个纯橄岩、5个斜辉辉橄岩、3个斜辉橄榄岩的13个附生铬尖晶石样的分析资料表明：造矿铬尖晶石类型均为镁质铝铬铁矿，只是中等浸染状矿石的Al增高，Cr有些降低。而附生铬尖晶石类型较复杂，但主要为镁质铝铬铁矿。只有斜辉辉橄岩中有一个镁质铬铁矿型（Cr值特高为12.2，Al值低为3.8）和岩体东南端的Ⅳ号大纯橄岩中有一个铬尖晶石型（Cr值特低为2.20，Al值特高为13.40）。

5 西藏主要铬铁矿矿床地质特征

区内 188 个岩体（群）中（大竹卡等岩体汇编中没有单列），大多数岩体没有资料或工作程度极低。有资料记载，发现地表有矿体（化）的岩体 39 个，占 21.3%。其中藏南 71 个岩体中，地表发现矿体（化）的岩体 16 个，占 22.5%；主要集中在普兰–东坡、日喀则、罗布莎–泽当三个地段。藏北 119 个岩体（群）中，地表出现矿体（化）的岩体 23 个，占 20.5%；主要分布在丁青、东巧、切里湖等地区。

通过 30 余年的矿产勘查工作，在西藏自治区内探获有资源储量的主要铬铁矿矿床有罗布莎、东巧、依拉山。此外，东风、切里湖两个岩体也探获了少量的铬铁矿资源量。其余岩体基本没有投入钻探、坑道工作量。现就以上 3 个矿床，对西藏主要铬铁矿矿床地质特征归纳如下。

5.1 铬铁矿体形态、产状、规模

西藏南北两个巨型超基性岩带内分布的岩体中，目前发现的大小矿体千余个，其中多数分布在工作程度很低的超基性岩体的地表。开展过深部探矿工作的几个主要铬铁矿区，在深部发现了较多且规模比地表矿体大许多的盲矿体，这些盲矿体是已探获资源储量的主要组成部分；矿体的规模大小差异很大，小者其资源量仅数百公斤，甚至更小，而大者可达几十万吨甚至百万吨。1973 年以来，号称铬铁矿石资源量最大的罗布莎岩体Ⅱ矿群的 $Cr-31$ 矿体，资源量为 60 多万吨，其次为罗布莎Ⅶ矿群的 $Cr-57$ 号矿体，资源量达 50 多万吨。2013 年后，先后被同样是Ⅱ矿群的 $Cr-80$ 矿体（101 万 t）和香卡山矿区 XIV 矿群的 $Cr-168$ 矿体（92 万 t）超过。地表出露最长的为康金拉矿区的 $Cr-11$ 号矿体，地表控制长

396m。钻探控制矿体最厚（见矿厚）的是罗布莎矿区Ⅰ、Ⅱ矿群 W20～W24 线间的 ZKWT02，在孔深 286.30～344.00m 的 57.70m 范围内，见四层铬铁矿体，累计厚 42.27m，其中单层厚 24.27m。香卡山矿区 19 线的 ZK1902，单层见矿厚度达到了 48.88m，Ⅶ矿群的 Cr-57 号矿体 ZK2801 钻孔见矿铅直厚 22.18m，薄者仅几十厘米。矿体形态有豆荚状—似豆荚状（有时称作透镜状、不规则透镜状）、似脉状、囊状、饼状、长条状、团块状等，目前提交资源量较大的中部矿体多为豆荚状的形态。

5.1.1 罗布莎岩体铬铁矿区

藏南岩带的铬铁矿勘查工作，主要是在罗布莎超基性岩体铬铁矿区实施（详见 6.2）。其他岩体进行过一些不同程度的矿点检查工作。可以说，已发现的所有岩体上都有铬铁矿体，只是大小不同而已。主要的矿点有日康巴、拉昂错、东坡、休古嘎布、鲁巴垂、白岗等。

5.1.2 东巧西铬铁矿区

岩体共发现铬铁矿体（点）130 个，规模较大的 6 个，最大的 3 个。按照矿体的分布特征与集中程度，可分为两个含矿带。

5.1.2.1 中部含矿带

位于岩体中部"峰腰"以西，岩体由窄变宽部位。矿带呈近东西向展布，东西长约 3.5km，南北宽约 1.3km。矿体断续出露，矿带位于大纯橄岩岩相带与斜辉辉橄岩岩相带接触带的斜辉辉橄岩南侧。本含矿带特点是：矿体数量少，单个矿体规模大，主要的工业矿体分布于此带；矿石类型单一，以致密块状 - 准致密块状为主。

5.1.2.2 东部含矿带

位于岩体东部，该带矿化特点是：矿体密集分布，数量多，规模小，形态复杂，产状多变，具工业意义的矿体，多呈脉状或似脉状。大致呈 290°～330° 方向分布，长约 5km，宽约 1km，其中包括 Cr-11、Cr-56、Cr-4、Cr-5、Cr-6、

Cr-8、Cr-9等矿体。按各矿体所据岩相部位及空间排列特征，该矿化带可进一步细分为三个含矿（矿化）小带：南带、中带和北带。南带位于岩体南缘，产于岩体东段南部纯橄岩斜辉辉橄岩岩相带中，地表以矿化普遍分散、各种浸染状矿石较多、形态复杂、产状多变、规模小为其主要特征；中带岩相部位在中部杂岩相之下部（南部）；北带岩相部位在中部杂岩相的上部（北部）。三个含矿小带中以中带和北带含矿性较好，东部含矿带几个主要具工业价值的矿体均分布于此二小带中。

此外，在岩体的东南、西南边缘，均有矿体出露，但规律性不明显。在岩体中最大的矿群有 Cr-17、Cr-4、Cr-6、Cr-8、Cr-9 等，其中以 Cr-17 矿群规模最大，由 14 个矿体组成。矿体走向多为近东西，产状平缓，倾角在 40°以下，Cr-17 矿群主要矿体规模见表 5.1。Cr-4、Cr-6、Cr-8、Cr-9 矿群出露的岩性简单，主要是纯橄岩、斜辉辉橄岩及斜辉橄榄岩，含有少量伟晶辉石岩脉。矿体位于东巧西岩体东段，即在斜辉辉橄岩-纯橄岩岩相带东段中部。Cr-8、Cr-9 矿群位于中部杂岩带的下部，近于岩体的南缘；Cr-4 号矿群位于岩体东段近中部略偏西，基本上处于岩体由宽变窄的转折部位，与 Cr-6 矿群同处一个岩相带内。

表 5.1 东巧铬铁矿区 Cr-17 矿群矿体规模一览表

矿体编号	矿体位置	矿体规模			矿石类型	备注
		长/m	宽/m	倾向延深/m		
Cr-17-1	岩体近中部	105	35~27.84	35~36	致密块状	
Cr-17-2	Cr-17-1 东	104	0.12~10	20~50	致密块状	隐伏矿体
Cr-17-3	Cr-17-1 下部	165	3.16	20	致密块状	隐伏矿体
Cr-107	矿群东部	200	0.1~15	20~40	致密块状	隐伏矿体
Cr-107-1	Cr-107 之下	10	2.0	7.5	致密块状	隐伏矿体
Cr-105	矿群西部	40	14~15	10~25	致密块状	隐伏矿体
Cr-105-1		40	0.2~3.5	2~3	致密块状	隐伏矿体
Cr-105-2	Cr-105 下	20	4.0	24	致密块状	隐伏矿体

5.1.3 依拉山铬铁矿区

岩体内铬铁矿点和矿转石点（区）分布普遍，从东到西，从南到北，在岩体的各个部位上几乎都有矿点、矿转石点出现。大多分布在纯橄岩岩相带和斜辉辉橄岩岩相带接触带的两侧，顶部与纯橄岩的关系更为密切些。矿体规模较大，而分布上又比较集中,具有一定工业价值的是Ⅰ、Ⅱ矿群地段。其他地方矿体规模均很小,分布也很零散。

5.1.3.1 Ⅰ矿群

位于岩体中段东北部,距岩体北部边界130~150m,正处于岩体从东段到中段由窄变宽、岩体走向发生变化的膨大部位。在岩相上,矿体集中成带分布于纯橄岩岩相带的顶部与斜辉辉橄岩岩相带的接触带附近。矿带自复合处开始,沿北支展布,走向240°~250°,长约650m,宽(水平投影宽)20~100m不等。共发现有23个主要矿体和一些小矿体,矿体在矿带内由西向东依次向北斜列,呈雁行状,在剖面上常呈叠瓦状出现。矿体的埋藏深度由西向东逐渐加深。整个矿带由西向东倾伏,倾角约30°,矿体形状以不规则透镜状为主,三度空间(长、宽、厚)比大多为10:8:1到30:28:1之间,个别达50:50:1以上。矿体产状可分为两组:23个矿体及其附近的一些小矿体为一组,走向为50°~80°,与矿带走向基本一致,倾向南东,倾角40°~70°;矿带中段东6排勘探线附近地表出露的几个小矿体为另一组,走向110°~115°,与矿带走向斜交,倾向南西,倾角33°~53°。矿体规模大小不等,相差悬殊,规模最大者为Cr-23号矿体,长约143m,延深约155m,厚约8.4m,一般矿体多长20~40m,厚1~5m左右,主要矿体的规模、形态、产状见表5.2。

表5.2 依拉山铬铁矿区Ⅰ、Ⅱ矿群矿体规模形态产状一览表

矿体编号	矿体规模			矿体形状	矿体产状		
	长/m	斜深/m	宽/m		走向	倾向	倾角
Cr-1	83.0	24.6	4.6	豆荚状	65°	155°	55°~70°
Cr-4-5	121.5	58.0	5.8	豆荚状	60°	150°	55°~65°
Cr-8	42.0	13.4	2.2	透镜状	75°	165°	50°~70°
Cr-13	107.0	47.0	10.5	豆荚状	55°~60°	145°~150°	55°~60°
Cr-15	44.0	30.0	1.2	薄透镜状	60°	150°	60°
Cr-19	48.0	12.0	0.8	薄层状、似脉状	35°	125°	40°~55°
Cr-24	143.0	155.0	8.4	豆荚状	95°	150°~155°	30°~70°
Cr-201	25.0	12.5	2.0	似脉状	80°	170°	47°
Cr-203	16.5	8.0	0.4	似脉状	64°	154°	73°

5.1.3.2 Ⅱ矿群

位于岩体中段东北部，在Ⅰ矿群的西面。共有 5 个矿体，零散分布在纯橄岩与斜辉辉橄岩两个岩相带的接触带两侧，在分布上无一定规律性。矿体形态以规模不大的似脉状矿体为主。产状可分为两组：一组走向 50°~80°，倾向南东，倾角 33°~73°；另一组走向 10°~37°，倾向南东，倾角 64°~79°。

5.2 矿石物质组成及结构构造

5.2.1 矿石物质组成

铬铁矿矿石的主要金属矿物是铬铁矿，此外还含有微量金属氧化物、硫化物等，如磁铁矿、赤铁矿、钛铁矿、钛铁晶石、镍黄铁矿、黄铁矿、黄铜矿、辉铜矿、针镍矿、六方硫镍矿、铁镍矿，以及锇铱矿、铱锇钌矿、硫砷铱矿等。脉石矿物主要有绿泥石、蛇纹石以及橄榄石、钙铬榴石、铬绿泥石、透辉石等。罗布莎岩体中致密块状矿石的脉石矿物以绿泥石为主，绿泥石含量在 5% 以下的占49%，浸染状矿石的脉石矿物则以蛇纹石为主，见有铬尖晶石晶间的斜绿泥石，晶粒边缘和裂隙见铬绿泥石和个别的叶绿泥石。拉昂错、东坡和当穷岩体的矿石中脉石矿物主要是橄榄石，少量为斜方辉石和蛇纹石，个别矿体以蛇纹石为主。休古嘎布岩体的矿石则主要为蛇纹石，并见铬绿泥石等后期蚀变矿物。

铬铁矿（$FeCr_2O_4$）是尖晶石族矿物，标准分子的化学成分是 $<FeO>$ 32.09%，Cr_2O_3 67.91%；与标准矿物分子相比，藏南的铬铁矿化学成分变化较大，Cr_2O_3 44.78%~63.16%，Al_2O_3 3.08%~23.81%，$<FeO>$ 11.73%~20.66%，MgO 9.47%~15.12%。铬铁矿类型以铁镁铬铁矿、铝-铁镁铬铁矿为主，偶见镁铁铬铁矿。罗布莎岩体、东坡岩体为铝-铁镁铬铁矿。当穷岩体为铁镁铬铁矿。休古嘎布岩体则以铁镁铬铁矿为主，仅在铁镁铬铁矿边缘出现极窄的镁铁铬铁矿。

5.2.2 矿石结构构造

5.2.2.1 矿石结构

依据铬铁矿颗粒的形态和分布特征可分为 7 种类型。

a. 他形－半自形晶粒状结构：由细粒－中粒、他形－半自形晶粒状结构，粒径为 0.2～1.3mm，一般多在 0.8mm 左右；或者以中粗粒他形－半自晶粒状结构出现，粒径 2～5mm，一般多为 3mm 左右，晶粒呈紧密镶嵌，但在镶嵌之间隙可见硅酸盐矿物。

b. 碎裂结构：矿石在外力作用下，铬铁矿（尖晶石）由于脆裂而产生裂隙、裂纹、拉断等现象，这种现象较为常见。破裂主要沿着解理纹或沿着塑性变形带进行，在致密块状矿石的裂隙中可见充填有脉石矿物（蛇纹石）。

c. 残碎结构：矿石中普遍发育。由于矿石受到挤压作用而碎裂成粒度不等、块度大小不一、甚至呈棱角状等特征，胶结物为铬绿泥石、蛇纹石等。铬铁矿颗粒边界往往呈现凸凹不平的弧形，并显示粒间滑移和塑性流变特征。

d. 交代残余结构及沿隙交代结构：蛇纹石化过程中，铬铁矿被磁铁矿沿裂隙交代或从中心向外进行交代成残余；也有次生铬铁矿沿着原生铬铁矿的裂隙由外及里进行交代；但也可见到铬铁矿自形晶粒状交代变晶结构和单斜辉石被交代的残留体。

e. 包橄结构：铬铁矿晶粒中包裹有浑圆状的橄榄石，而在极少数情况下偶见被包的橄榄石中又有铬尖晶石颗粒被裹的现象。

f. 交代网脉状结构：磁铁矿呈细脉或网脉状交代铬铁矿。这种现象在矿石中较为少见，多见于斜辉辉橄岩的副成分铬铁矿中。

g. 塑性变形结构：在应力作用下铬铁矿内部产生网格状塑性变形纹带，沿着该带可见有塑性活化的橄榄石挤入。

5.2.2.2 矿石构造

矿石的构造类型可分为致密块状和浸染状两种。前者以铬铁矿（铬尖晶石）为主，含量大于 90%，脉石矿物以铬绿泥石、蛇纹石为主；浸染状构造可分为稀疏浸染、中等浸染和稠密浸染 3 种类型。根据铬铁矿集合体的不同形态，可分为豆状构造、瘤状构造等。豆体一般长 6 ~ 9mm，瘤体可达 20mm 左右。

a. 致密块状构造：由粗粒 – 伟晶（1 ~ 5mm）铬铁矿单晶体或聚晶体所组成。具紧密镶嵌结构、块状构造。铬铁矿晶粒，常具他形 – 变晶结构，并有微粒 – 细粒晶（0.5 ~ 1mm）分布在粗粒级铬铁矿晶粒之间，粗粒铬铁矿呈弯曲、不规则状，粒间被脉石矿物充填。铬铁矿中偶尔可见包橄结构。矿石中的脉石矿物多为含铬硅酸盐，其含量一般为 5% ~ 8%，而铬铁矿的矿物含量约占 92% ~ 95%，Cr_2O_3 含量大于 50%。而在矿体边部，有时可见脉石矿物局部增多，形成准致密块状构造。西藏雅鲁藏布江超基性岩带的铬铁矿床，其主要工业矿石类型为致密块状矿石。

b. 浸染状构造：据铬铁矿矿物在矿石中的稠密度不同，可分为稠密浸染状、中等浸染状、稀疏浸染状、星散浸染状等 4 种，依拉山矿床铬铁矿主要为浸染状类型。在罗布莎、东巧矿床的主要矿体中，也能见到呈不均匀分布的很少量浸染状矿石，不同矿石类型间多呈渐变过渡关系。与围岩的接触关系截然清楚，也有呈渐变过渡或无明显界线。它明显有别于纯橄岩中分凝 – 堆积型矿床。

稠密浸染状构造由细粒 – 中粗粒铬铁矿（0.5 ~ 2mm）呈单晶或聚晶组成。铬铁矿矿物含量为 50% ~ 80%，Cr_2O_3 含量一般大于 40%。脉石矿物为蛇纹石或者橄榄石等，分布较为均匀，与纯橄岩接触关系截然清楚或者为迅速过渡。常由铬铁矿晶体或聚粒构成豆状矿石，这种矿石类型多见于致密块状矿石的边缘，在矿石内部也能见到，其分布多以团块状出现。

中等浸染状构造由细粒 – 中粗粒（0.5 ~ 2mm）铬铁矿组成。稀疏浸染状构造多由细粒铬铁矿或聚晶体组成。铬铁矿含量在 20% ~ 30% 之间，Cr_2O_3 含量一般在 8% ~ 14% 左右。星散浸染状构造由细粒铬铁矿或聚晶体组成，铬铁矿含量在小于 20%，通常在 10% 上下，Cr_2O_3 含量一般 5% ~ 8%。

此外，还有斑杂状、反斑杂状、斑点状、豆状 – 瘤状、链状、脉状、似片麻状、条带状、角砾状、似泥流纹构造等。致密块状 – 稠密浸染状构造矿石，是组成工业矿体的主体部分，它主要分布在含矿构造岩相带内。工业矿体的边缘往往常见断续出现的各类浸染状构造和豆状、瘤状、脉状以及带状构造矿石。此外，在含矿构造岩相带内距主矿体不远的地段（0.5 ~ 2m 左右）有一些纯橄岩分凝体中分布有不规则状浸染型矿石。

5.3 矿石质量

5.3.1 罗布莎 – 香卡山 – 康金拉矿区

详见 6.1.2。

5.3.2 东巧西铬铁矿矿区

主要矿体矿石质量平均值见表 5.3。

表 5.3 东巧西矿区主要矿体矿石质量平均值一览表

矿体	样数	Cr_2O_3/%	Cr_2O_3/<FeO>	矿体	样数	Cr_2O_3/%	Cr_2O_3/<FeO>
Cr – 17 – 1	145	49.67	3.72	Cr – 105	23	49.87	3.88
Cr – 17 – 2	29	46.18	3.64	Cr – 6	37	41.28	3.59
Cr – 107	43	45.15	3.72	Cr – 9	36	45.58	3.53

分析结果表明，矿石中 NiO、CoO 含量在 0.018% ~0.024% 之间，S、P 的含量低于一般指标的要求。

矿石中的铂族元素含量一般在 0.3×10^{-6} ~ 0.55×10^{-6}。以 Cr – 17 矿体中含量最高。矿石中也含有金刚石矿物。

5.4 矿体的围岩及接触关系

西藏藏南、藏北两个岩带上几个主要铬铁矿区的近矿围岩，主要是斜辉辉橄岩和纯橄岩。藏南岩带铬铁矿体的近矿围岩以斜辉辉橄岩为主，藏北几个主要矿区的近矿围岩，以纯橄岩的比例大一些。

东巧西矿区的近矿围岩以纯橄岩为主，多呈淡黄绿色薄壳状纯橄岩与矿体接触关系截然清楚，完全或部分包裹矿体，纯橄岩中橄榄石具重结晶结构，有的矿体与纯橄岩呈穿插关系。当岩体内含铝高时，经过蚀变，薄壳状纯橄岩常以薄壳状绿泥石岩（俗称鸡蛋壳）出现。斜辉辉橄岩作为近矿围岩者，其接触关系也是截然清楚的，只是矿体与斜辉辉橄岩没有穿插关系。丁青西岩体铬铁矿的近矿围岩有类似情况。

切里湖岩体中的铬铁矿体近矿围岩为含直闪石的斜辉辉橄岩或含直闪石的纯橄岩，其他特征与上述类似。

6 罗布莎岩体铬铁矿勘查实例

自 1951 年，中国科学院西藏工作组发现罗布莎超基性岩体以来，原西藏地质局藏南煤田二队二分队、中国科学院西藏综合考察队地质三组、原西藏地质局藏南地质队等勘查单位，先后针对岩体开展了地质草测、矿点检查等地表地质工作，主要在岩体的西段罗布莎村两侧，对岩体划分了岩相带，有的分为 3 个带；有的分为 4 个带；还发现了铬铁矿体和转石。通过地表工程，圈连了铬铁矿体，划分了矿群，有的分了 4 个矿群，有的分了 6 个矿群或 7 个矿群。估算的铬铁矿石资源量在 24.58 万至 110 万 t 之间。这些资源量，难以落实到具体地段。此外，还对岩体的地质特征作了叙述，提出了成因认识。这些成果，为地质部铬矿会战指挥部在西藏选择找矿靶区提供了依据。

6.1 任 务

为缓解我国铬铁矿长期急缺的矛盾，地质部铬矿会战指挥部于 1965 年向西藏派出了铬铁矿普查组，先后在藏北东巧和藏南罗布莎两个超基性岩体，开展地质找矿工作。普查组在对罗布莎岩体和东巧西岩体分别进行了踏勘和地表地质工作后，都做出了肯定的评价。

据上述，地质部铬矿会战指挥部下达的西藏 1966 年的任务是：尽一切力量，首先满足国家急需（东巧矿区提交 $C_1 + C_2$ 级矿石储量 150 万 ~ 200 万 t，罗布莎矿区提交 C_2 级矿石储量 200 万 t），并兼顾今后的储量增长，为 1968 年工作提供资料和依据。

总的工作部署必须贯彻"点面结合、集中优势兵力打歼灭战、突出'找'字"的原则。国家为了及时采出矿石，于 1967 年拨专款，并调动曲松、加查两县的数千名藏族民工，加速修通了通往罗布莎矿区的公路。

1974 年，国家计委组成两部两局工作组，对西藏铬铁矿地质特征及地质工作情况作了调查。提出了加速和加强西藏铬铁矿地质工作对建议。国家计委计地字〔1974〕第 619 号文指示："要求今后进一步加快铬矿地质工作的速度，确保青藏铁路通车后能为国家提供更多的矿石"。该文批转 1974 年铬矿调查组《对西藏铬矿工作的建议》中指出："当前在西藏应集中力量勘探罗布莎 Ⅰ～Ⅶ 矿群，到 1980 年底，提交可供开采设计的工业 – 远景储量 500 万 t。""对 Ⅰ～Ⅶ 矿群以东地段……应积极开展普查，找到新的可供勘探矿床。"

1976 年，为解决国家计委计地字〔1974〕第 619 号文中的国家急需矿石和施工力量严重不足的主要矛盾，国家地质总局又派出调查组，对西藏铬铁矿工作进行了调查研究。在和西藏自治区地质局、西藏二队具体协商后，提出了两个方案，向自治区领导做了汇报。根据汇报记录整理出的藏革地地字〔1976〕第 119 号文指出：自治区领导认为"以小方案（完成 350 万 t），立足现有力量，少完成一些储量比较好"。据此，重新制定了地质工作计划。

经过勘探队员克服高山缺氧、同心协力、艰苦奋斗的多年努力。截至 1980 年底，西藏二队在罗布莎岩体西段罗布莎铬铁矿区，探获并提交了铬铁矿石资源量 400 多万吨，超额完成了预期提交 350 万 t 优质铬铁矿石的储量任务。

6.2 矿产勘查工作及主要成果

随着罗布莎超基性岩体矿产勘查工作的深入，为便于"点面结合，以点带面"，针对岩体内矿群和矿体的空间分布特点，在岩体内分出 3 个铬铁矿矿区，由西向东分别为：罗布莎矿区、香卡山矿区、康金拉矿区。就勘查程度而言，以罗布莎矿区最高，其中 Ⅰ 矿群、Ⅱ 矿群达到勘探程度；香卡山矿区为详查程度；康金拉矿区由于山高，风化剥蚀强烈，勘查程度尚处在普查阶段内。

6.2.1 罗布莎岩体及外围普查工作

为落实国家计委"加强西藏铬矿工作"的具体意见。西藏地质局指示：在罗布莎外围进行 1:50000 区域地质简测，以普查找矿为主，研究和总结罗布莎岩体铬铁矿成矿规律；了解岩体的形态产状以及区域地层、构造、岩浆活动、矿产等地质特征；初步查明成岩、成矿的区域地质控制条件。为指导和加速勘探工作的进行及扩大矿区远景提供区域地质基础资料。

西藏二队组织原北京地质学院（现"中国地质大学"）10 余名教授、甘肃援藏专家和队上的专家，共同组成了实力雄厚、中青年搭配的二分队。主要成员有徐宝文、郭铁鹰、莫宣学、赵延明、梁定益、池三川，聂泽同、赵崇贺、巴登珠、向余庆、李国良等。二分队利用两年多的时间完成了罗布莎超基性岩体及外围，西起桑日县尼色拉，东至加查县桑木东，南自曲松县学日朗，北到桑日县勒不角，长 48km，宽 14.5km，总面积 696km^2 的区域地质简测工作，于 1977 年 8 月提交了《西藏自治区桑日—加查县区域地质简测报告》。1977 年 9 月，西藏自治区地质局组织了报告验收会。

验收决议书指出：1:50000 桑日-加查县区域地质简测工作，已初步查明了测区内地质、构造的基本特征及罗布莎岩体铬铁矿床的成岩、成矿区域地质控制条件，指出了找矿方向，基本上达到了 1:50000 简测精度要求，同意验收。

投入的主要实物工作量有：1:50000 地质简测实际填图面积 553.3km^2，平均 2.75 点/km^2。完成地质简测图、实际材料图、构造纲要图、矿产图各 1 幅；实测剖面图 6 条（52km），薄片 528 件，光片 12 件，光谱 973 件，同位素年龄样 8 件，化石 129 件，矿石全分析样 1 件，矿石简分析样 6 件，试金分析样 14 件等。地质简测采用穿越法、追索法，对于高山峡谷无法通行者，采用航片解译等方法进行。点线距一般为 500~700m，大面积第四系覆盖区适当放稀。此次简测面积，还包括罗布莎矿区 23km^2 和利用航片解译等 119.7km^2。合计总面积 696km^2。

简测工作的突出成果是，对分布在罗布莎超基性岩体北侧的白垩系，简测中发现大量动植物化石，经南京古生物研究所鉴定为渐新世—中新世常见化石。从而将其归属为古近系—新近系罗布莎群陆相沉积。以山麓堆积为主的山间磨拉石建造，呈狭长带状沉积在断陷带内。沉积环境显示，当时的沉降速度较快，表现为分选性差，砾石大小不一，磨圆度差。岩相随各地的基岩成分不同而变化很大，其产状与雅鲁藏布江断裂带基本一致，向南倾斜。由于断层影响，不同地区罗布莎群地层多有缺失，康金拉一带古近系—新近系 3 个岩相段发育齐全。

对测区内三叠系，收集到可靠依据，重新建立了晚三叠世地层层序。

对罗布莎超基性岩体地质特征、矿体空间分布规律、矿化特征及矿石质量等收集了大量一手资料，作了岩体等含矿性评价，指出了找矿方向。

6.2.2 罗布莎铬铁矿区详查工作（1966～1981年）

本次勘查工作是指，地质部铬矿会战指挥部于1965年派出普查组，对罗布莎超基性岩体铬铁矿开展普查找矿开始。其中1966～1981年，完成了地质部和西藏自治区政府共同商定的资源储量任务，并提交了《西藏自治区曲松县罗布莎铬铁矿区详细普查地质报告》。

这一时期，前期由地质部铬矿会战指挥部的"西藏121信箱"具体执行勘查任务。"121信箱"包括了会战指挥部组织的新疆三队和五队两个铬铁矿专业勘查队伍以及会战指挥部从内蒙古铬铁矿勘查单位及其他省区抽调的专业骨干和技术工人共1200余人，承担了西藏罗布莎和东巧两个铬铁矿区的勘查任务及藏北岩带其他岩体的普查、矿点检查工作。这支队伍在1974年，由西藏自治区地质局，将其分为二队、五队、物探队，还有一部分专业人员分到了局实验室。

二队承担罗布莎铬铁矿区及整个藏南雅鲁藏布江超基性岩带的铬铁矿找矿勘查任务；五队承担东巧铬铁矿区及藏北班公错－怒江超基性岩带的铬铁矿找矿勘查任务；物探队则承担全藏铬铁矿找矿的物探工作。这期间相继有原北京地质学院（现"中国地质大学"）的教授和援藏的甘肃地矿局勘查专家参与了1:50000地质简测和矿区的勘查工作。中国地质科学院地质研究所、地质力学研究所的学者参加了科研考察工作。

先后参与罗布莎超基性岩体铬铁矿勘查的主要矿产勘查专家有：严铁雄、崔金英、濮兆华、金恩民、杨四安、周详、连廷宝、徐进才、蒋文良、章树民、李志文、向德宗、曾静、朱明玉、宋婉仪、倪心垣、王兴林、何灿歧、陈素云、张时键、王家福、宋魁中、贾荣福、牛发超、邓爱琼、梁焕才、陈森煌、石鉴帮、李遵林、陈德茂、赵同欣、康磊、夏金荣、匡杰等。

矿区水文地质、工程地质、环境地质专家有：邓霭松、梁廷立、王化全、范相德、刘墨榆、刘伟等。

矿区测量专家有：彭言清、赵永庆等。

原北京地质学院（现"中国地质大学"）教授为：胡家杰、师其政。

援藏矿产勘查专家有：刘世勤、张金荣、尹山根等。

大队长：张文郁、王义；副大队长：田世华；技术负责：周翌元、冯冶、金恩民。

物探工作由物探队承担。

中国地质科学院地质研究所、地质力学研究所的相关学者，在20世纪70年代后期，组成铬矿组到矿区开展了科学考察，分别提交了报告。完成主要实物工作量见表6.1。

表6.1　普查至详查工作投入的主要实物工作量

项目	单位	1966~1999年	2008~2010年	2011~2015年	合计	矿山勘查
1:50000地质简测	km²	696.00			696.00	
1:25000地质简测	km²	99.75			99.75	
1:10000地形地质简测	km²	53.95			53.95	
1:10000水文地质简测	km²	58.89			58.89	
1:1000地形地质简测	km²	4.021			4.021	
1:1000地形地质测量	km²	9.02			9.02	
槽探	m³	53932.74	1089		55021.74	
钻探	m	136038.57	24342.16	26864.04	187244.77	47626.45
平硐、拉叉	m	1123.49	6733.92	3073.40	10930.81	
浅井	m	4377.25	103.1		4480.35	
取样钻	m	5060.71			5060.71	
采样	件	6948	615	718	8281	

注：由于多个勘查单位和矿山多期次的投入，工作量难以准确统计，以上为不完全的统计数据。

据不完全统计，截至2015年底，罗布莎岩体铬铁矿投入的勘查主要工作量总计：机械岩心钻探（含矿山）234871.22m，平硐及拉叉10930.811m，槽探55021.74m³。

6.2.3　罗布莎铬铁矿区矿产勘查工作及质量

1967年，会战指挥部集中兵力开展了东巧和罗布莎两个岩体的铬铁矿找矿工作。由于外部环境的影响，野外工作风险很大。地质部领导为了保存这支专业队伍，向国务院作了反映，国务院随即决定对铬矿会战指挥部派出的"121信箱"进行特殊管理加以保护。

"121信箱"内部秩序稳定了，群众中再也没有发生明显的冲突。但矿产勘查工作的组织形式，改变了以往一个工区由一个地质组负责勘查工作的有效作法，改为一个矿群由一个地质组承担该矿群的找矿勘查工作。致使各地质组围着各自矿群转，没有了整体概念，不知道矿群间的相互关系。其结果是，画地为牢，各地质组只能根据各自矿群取得的局部资料部署工作，严重束缚了专业技术人员的客观判断，影响了勘查工作的顺利进行。

矿产勘查初期，以地质填图、地表工程揭露、采样为主，逐步增加了钻探、平硐工作量。由于多种因素的影响，各项勘查工作进展缓慢。自1966年至1973年，共投入钻探工作量12331.48m、平硐278.2m、浅井3886.85m、拉叉245.15m、探槽34418.66m³、各种采样2006件。在此期间，罗布莎Ⅰ～Ⅶ矿群探获铬铁矿石资源量161.93万t（按当时的分类分级标准D级相当于现行标准的推断的内蕴经济资源量（333）），主要来自浅部。康金拉探获铬铁矿石资源量（333）+（334?）21.44万t。累计探获铬铁矿石资源量（333）+（334?）183.37万t（预测的资源量（334?）相当于当时的E级）。在现行《固体矿产资源/储量分类》中（334?）是潜在资源。

需要说明的是，虽然在此次勘查之前，自治区内外都有一些勘查队伍和科考队，作了一些调查和勘查工作，也都估算了矿石资源量，但其勘查程度很低，基本没有投入钻探工作量，也未见到资源量估算的实际资料，矿群矿体号难以对应，各次估算的矿石资源量是否有重复，难以查对落实。因此，我们将前人的这些成果，只作为此次勘查工作的重要参考，不作为已查明矿石资源量统计。

随着队伍的调整，罗布莎岩体铬铁矿的勘查工作也有了全新的改变。撤销了连队在矿群上各自为战、坐井观天的形式，成立了统一的矿区地质组，着眼于整个岩体的找矿。为此，矿区地质组又细分为综合组、1:10000地质填图组、钻探地质组、坑探地质组、水文地质工程地质组、采样组、测量组、岩矿鉴定组、资料室等。围绕罗布莎岩体的形态产状、岩相岩石特征和分带、构造特征、矿体空间展布、矿石物质组成，以及矿体与岩相、构造、岩体形态产状的关系，矿体的控制程度和研究程度等多方面，开展深入的研究。为将这些工作落到实处，由矿区技术负责牵头，每月组织一次技术讨论会，矿区地质组全体成员参加，各专业组要在会上汇报一个月的成果、问题和下个月的安排。接着是与会成员交流和讨论。邀请在矿区工作的科研单位参加，这样既可以取长补短，避免专业人员的局限性导致的片面性，又可以提高大家对矿区地质特征的共识，增加了共同语言。还利用玻璃板汇集勘探线剖面图，制成矿体空间展布的地质模型，供大家平时观察、研究、琢磨，为大家提供了研究矿区地质特征、指导进一步找矿的平台。矿区地质组内部的综合研究必不可少。罗布莎岩体铬铁矿的规模一般不大，且成群出现、分段集中，矿体的圈连尤为重要，特别需要加强综合研究。在当时勘查单位没有电脑的情况下，为了使圈连的矿体尽可能客观，采用针对矿群、矿体从各个不同方向切剖面的方法，从中发现问题、解决问题。这些工作必须是勘查单位综合研究的重要内容，靠科研单位来完成难度较大。

由于大家摆脱了局限性和束缚，从整个岩体的成岩成矿条件着眼，从对一个个主要矿体的控制入手，深入研究成矿和控制条件，研究成矿规律指导找矿，成果显著。

在找矿的思路上有了很大的改变。原来认为铬铁矿是岩浆晚期分异矿床，注重从岩相入手找矿，而实践证明铬铁矿的形成要复杂得多，是多因素相互制约的结果。由此，在工程部署和勘查方法、手段选择上重新作了部署和调整。1974 年之后，遵循地质规律找矿在深部探获铬铁矿资源量相当于资源总量的 60% 以上。

6.2.4　罗布莎铬铁矿区勘探工作（1984～1986 年）

1984 年，在罗布莎 Ⅰ、Ⅱ 矿群详查的基础上，为了矿山建设，开展了勘探工作，主要是通过加密深部的钻探工程，进一步控制矿体的形态产状和规模，查明矿石物质组成及开采技术条件，为矿山设计提供更加可靠的地质资料和铬铁矿石资源量。重新估算了资源量，较 1981 年提交的 Ⅰ、Ⅱ 矿群详查铬铁矿石资源量减少了 8 万 t，并提交勘探报告。

6.2.5　香卡山铬铁矿区详查工作（1976～1988 年）

1976 年，由罗布莎铬铁矿区派出的一个普查小组，对香卡山地段开启了找矿工作，在岩体的中部和南部发现了 17 个矿体（点），构成了 6 个矿化带，为香卡山的普查工作提供了地质依据。

香卡山作为新的工区开展找矿勘查工作始于 1977 年。开展了不同比例尺的地形地质简测和编图工作，开展了搜山找矿和利用地表工程揭露浅部矿体采集样品等工作，坑探工程主要是揭露地表和浅部矿体，钻探是主要的找矿手段。截至 1986 年 7 月，共施工钻孔 89 个，完成钻探工作量 15512.35m，其中见矿孔 28 个。大致查明了香卡山地段的岩体形态产状和岩相分带，其与西侧的罗布莎地段相似，剖面上呈不对称的"火腿"状，划为 3 个岩相带，构造以北西 - 南东向为主，辅以北东向和近东西向断裂构造。岩体内发现大小矿体（点）近百个，其中以 XIV 矿群为主。对 XIV 矿群的 Cr - 141、Cr - 142 矿体，开展了详查工作，基本查明了矿体和矿石的特征，矿石物质组成、品位及相应的开采技术条件等。1986 年 7 月，估算了 XIV 矿群 6 个矿体的铬铁矿石资源量约 34 万 t。

1986 年，决定对 75 线北西段开展普查，对 XIV 矿群开展详查工作。据此，共施工钻孔 39 个，20 个孔见矿，还开展了其他相应的地表地质工作和工程，详细划分了岩体的围岩及其分布范围，下伏有上白垩统、古近系—新近系罗布莎群，上覆有上三叠统，建立了工区内的构造组合等。基本查明了 Cr‐141、Cr‐142 两个矿体及相邻矿体的形态产状特征和矿石质量，扩大了主矿体的规模，用 20m×20m（部分为 40m）的工程间距，控制了矿体，估算了铬铁矿石资源量 60 万 t。

6.3 物探、化探工作

在罗布莎超基性岩体，为了尽快地找到更多且质优的铬铁矿资源储量，采用了多种勘查方法和手段并举的综合勘查方法找矿。其中包括航磁、区域范围的 1:50000 高精度磁法、重力测量等。在岩体范围内开展了高精度磁法、重力、电法、电磁波法以及硼异常等的查定。进行了方法有效性试验，目前确定的有效方法是高精度磁法和重力测量，其他方法还无法确定其有效性。通过有效的物探方法，在罗布莎岩体内直接和间接地圈出了不少异常，其中一部分经查证确认为铬铁矿体。

6.3.1 综述

自 1955 年以来，物探重力、磁法用于铬铁矿的找矿勘查，起初用的是中低精度的仪器，找矿效果不好。1962 年，新疆地质局物探队首次采用从加拿大引进的高精度仪器，在西准噶尔超基性岩带上开展普查找矿，取得明显成效。1966 年在西藏东巧超基性岩体，据高精度重力仪异常，经钻探查证发现了 3 个盲矿体。1979 年，在罗布莎岩体的香卡山矿区，查证物探重磁异常，扩大了 Cr‐141 矿体的长度。这些实例显示了物探重力磁法在铬铁矿找矿中的重要作用，但也确实存在较多的重磁异常经查证未见铬铁矿体。这主要是由岩石密度不均匀或构造、地形切割较大等因素引起，致使一些地点重力异常，甚至出现假异常。

6.3.2　直接找矿

用重磁综合方法在超基性岩体上找铬铁矿是多年来国内普遍肯定的成功经验，因为铬铁矿相对其围岩最明显的物性差异是高密度和强剩磁，所以最有效的物探找矿方法就是重力和磁法的综合。而以重力为主，结合 1:5000 普查工作、1:2000 ~ 1:1000 详查，在过去几十年中取得成功的实例很多。

1967 年，在藏南曲松县罗布莎岩体的已知矿体附近用重磁方法就矿找矿，发现 19 个已知矿体上有重磁异常，还有 23 个已知矿体上只有磁异常，无明显重力异常（可能因矿体规模太小）。在通过槽探验证异常时，发现了 5 个新矿体（如 Cr - 18），并扩大了 7 个已知矿体规模。

1979 年，在藏南香卡山岩体发现了 23 个异常，验证 10 个，有 4 个见矿；施工 20 个验证孔，有 13 个见矿，其中 XIV 矿群也根据物探成果进行追索并验证物探异常，大大扩展了已知矿体（Cr - 141）的规模，还发现了几个新的盲矿体。

6.3.3　间接找矿

在西藏南部的罗布莎岩体上，发现北部的纯橄岩岩相带上对应大片较为平稳的弱磁异常，岩体南部的斜辉橄榄岩相上则对应一片强磁异常带。两者之间的大片地区以斜辉辉橄岩为主，对应磁异常的强度介于上述二者之间，主要矿群就位于这个地区。在矿群的对应位置上，发现普遍存在一片强度不高、正负相间的杂乱磁异常和较低缓的重力异常背景，这一特征在罗布莎 I、II、III、VII 矿群和香卡山 XIV 矿群上都能看到。出现这一特征的原因可能是因为矿群中多个矿体邻近，其异常互相叠加，以及矿群中的断层、破碎带、蚀变带和一些脉岩对重磁场的影响。这种杂乱磁场和低缓重力场区的存在位置与地质划定的"中央含矿构造杂岩带"的分布范围较为对应，所以这一重磁场特征也可作为本区间接找矿的标志。

6.4　勘查取得的主要成果

截至 20 世纪 80 年代，主要成果如下。

6.4.1 对我国超基性岩铬铁矿成岩成矿背景认识的根本改变

以往在内地和新疆开展铬铁矿勘查，常沿用传统岩浆分异观念指导找矿，在岩体形态产状上寻找岩盆、岩盘，遵循岩石化学特征上显示越基性越有利成矿的思路。客观上因岩石全蛇纹石化强烈，难以恢复原岩，导致长期没能识别地幔岩的真面目，致使找矿思路和使用的勘查手段、方法上长期采用寻找岩浆矿床的方法手段。

20 世纪 60 年代后期，随着罗布莎岩体矿产勘查工作的开展，大量的野外观察、岩矿鉴定和岩石、矿物化学分析的成果，促使我们根本改变了对罗布莎岩体成岩成矿条件的认识。70 年代中期已经认识到蛇绿岩型的特征，调整了找矿思路和勘查方法手段。可以说罗布莎岩体矿产勘查工作实践，从根本上改变了对蛇绿岩型超基性岩铬铁矿成岩成矿背景的认识。

6.4.2 找矿实践揭示控矿条件的多重性

从矿带、矿群到矿段、矿体，都受到不同级次的构造严格控制。原来的矿产勘查从岩相角度出发，在大小不一的纯橄岩中找矿，野外重视对纯橄岩的观察、描述。但大量的编录资料和素描图、照片证实，矿体与构造的关系更加密切，如图 6.1、图 6.2。矿带的延展受岩体形态产状制约，矿群间、矿段间、矿体间的平面呈斜列展布，剖面呈叠瓦状排列，空间上具有侧伏的特征，都是不同级次构造制约的结果。矿体与构造如此密切的关系，集中展布于顺岩体长轴方向的中部。因此，铬铁矿找矿必须从岩体的整体形态产状着眼，利用物探、地质、钻探等多种手段，全面掌握岩体的整体特点，从中找出中部的蛇绿岩型铬铁矿的找矿标志——含矿构造岩相带，事半功倍。

6.4.3 找矿成绩斐然

截至 20 世纪 80 年代，探获一个资源储量近大型的铬铁矿床。罗布莎岩体铬铁矿找矿，在罗布莎、香卡山、康金拉 3 个矿区，累计查明铬铁矿石资源储量约 450 万 t，除罗布莎 V 矿群 Cr-116 矿体为纯橄岩岩相带中的稀疏浸染状矿石类型外，其余都是以致密块状矿石为主，见少量稠密浸染状矿石类型的高质量冶金级矿石。

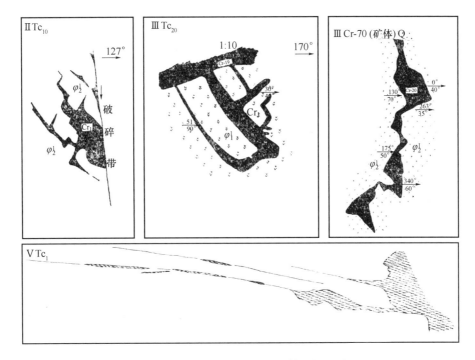

图 6.1　Ⅱ、Ⅲ、Ⅴ矿群中铬铁矿体与构造关系图

图 6.2　矿体与构造关系

6.4.4 主要矿体特征

矿区范围内矿体分布广泛，主要集中在矿区顺走向的中部，构成中央含矿构造岩相带。该矿带位于岩体中部斜辉辉橄岩夹纯橄岩岩相带中，矿带连续性好，由西向东呈向北突出的弧形带状分布，矿带的总体走向与岩体内岩相带的展布及岩体的总体走向基本一致。根据矿体发现的先后，由西向东分别命名为IV、Ⅷ、Ⅲ、Ⅱ、I、V、Ⅵ等7个矿群。

Ⅱ矿群已发现有30多个矿体分段（Cr－28地段、Cr－31地段、Cr－80地段）集中。其中长度大于100m的有10个，规模较大的有Cr－22、Cr－28、Cr－110、Cr－66等矿体，除Cr－66外，都分布在Cr－28矿体地段。其中Cr－22矿体的Zk36见矿厚度达23.87m，是矿群内单个矿体最厚者。Cr－28矿体地段与Cr－31矿体地段以及新近探获的Cr－80矿体地段间呈北西－南东向、近似等间距的斜列状产出，而矿段中各矿体也呈南东方向斜列状产出。Ⅱ矿群向东至I矿群，其间的浅部矿体断续分布，向西与Ⅲ矿群为断层接触。矿区内矿体分布有3个特点。

第一，矿群内的各矿段受到岩体内部控矿构造的制约。钻探工程证实，I矿群的Cr－109、Cr－32、Cr－115等矿体，与Ⅱ矿群的Cr－28、Cr－31、Cr－80等矿体呈斜列式展布，斜列展布的长轴方向均以北西－南东向平行排列，明显受到岩体内部构造的制约，中间夹着一个与两侧矿体平行排列呈北西－南东向展布的无矿段（目前仅见零星小盲矿体）。矿群中的矿段或主要矿体走向则呈近东西向产出，向南东侧伏，矿段之间又呈雁行状近似等间距的斜列。

第二，在矿带内不同地段，矿体明显地集中成两个或3个"层位"。以I矿群西32线为例，从勘查线剖面图上可明显地看出，矿体分作两个"层位"：一个是由Cr－109、Cr－103、Cr－105、Cr－104等矿体组成的下部"层位"，另一个是Cr－106、Cr－117矿体等组成的上部"层位"。在Ⅱ矿群Cr－28矿体地段及Cr－31矿体地段，也明显地分成上下两个"层位"，连同Cr－80矿体地段，则是3个"层位"。在Ⅷ矿群Cr－17、Cr－14及Cr－57矿体地段组成了3个"层位"，只是间隔略显小了些。矿带在矿区中部延续长达数千米，倾角陡缓不一，矿体呈不连续分布。矿带在Ⅱ矿群处膨大，矿体规模相应也较大。这与所处的岩体形态膨大及因构造而使岩体向北突出的弧顶部位有密切关系。

第三，矿带产状与岩体总体产状一致，但矿带中各矿群及矿体产状受构造制约而多变。总的可分成：走向 70°~100°，倾向南，倾角 35°~55°；走向 120°~150°，倾向南西，倾角变化较大，一般在 20°~54°间；走向近南北，倾向不定，倾角较缓多在 15°~30°间；走向 40°~60°，倾向南东，倾角 27°~47°等四组。矿区内规模较大的矿体多属于第一组。

罗布莎矿区各矿群的分布形式（由西向东）：Ⅳ矿群受岩体边界的控制，呈近东西向分布；Ⅶ矿群的 3 个矿体产出位置具有向西撒开、向东收敛的特征；Ⅲ矿群地表矿体在平面上则呈向北展开的倒"八"字形，实际上西段半坡上的矿体位置，要比东段平台上矿体的位置略高一些；Ⅱ矿群地表 Cr-28 地段与 Cr-31 至 Cr-55 地段分别组成两个似"S"形；Ⅰ~Ⅴ矿群又构成向北东撒开、向南西收敛的特征；Ⅵ矿群则为北北西的一字型分布。一些较大的矿体还具有侧伏的特征，侧伏的方向多指向推测岩体埋深最大的部位。

6.4.4.1　Ⅱ矿群 Cr-31 矿体

位于矿群中部，在 2013 年以前，一直是罗布莎岩体中规模最大的矿体。矿体地表基本没有露头，是在揭露 Cr-25 矿体时发现。经槽探、井探工程揭露，矿体断续长 230 余米，钻探工程控制长度 325m。目前有 9 条勘探线控制，除矿体东、西两侧勘探线剖面只有 1~2 个工程控制矿体外，其余各剖面均有 3 个以上钻孔控制。控制矿体斜深最大的剖面是东 4 线（斜深 190m），相邻剖面分别控制斜深 170m、140m，控制斜深最小的是西 4 线（50m）。矿体赋存标高为 4200~4035m，在空间上为一厚薄不一、呈波状起伏的不规则豆荚状。厚度大于 10m 的有 4 处，最大厚度为 ZK101 的 14.66m，最薄的是 ZK107 的 1.07m。由于矿体厚度的变化，在不同剖面上呈现的形态差别较大，主剖面上显示豆荚状，或称作透镜状，还有呈似脉状的。矿体的产状基本稳定，总体向南南东倾斜，倾角 35°~45°，较其北西方向更加靠近岩体北界的 Cr-28 矿体地段的倾角要平缓一些。矿体向南东 138°方向侧伏，侧伏角约为 25°。矿体处在超基性岩体向北突出部分的中轴地带，在矿体的深部有具一定规模且呈叠瓦状斜列展布的 Cr-66 矿体。向东断续分布有 Cr-106、Cr-118、Cr-119 等矿体。

在其北的 Cr-28 矿体地段（图 6.3），有 10 多个大小不一的铬铁矿矿体。主要矿体有 Cr-110、Cr-22 等。矿体特征与 Cr-31 矿体总体完全一致，只是矿体规模小些。走向与 Cr-31 矿体相近，呈近东西向。其空间展布特征显示与 Cr-31 矿体构成轴线呈北西-南东向的侧列关系；再向南东方向，则是目前罗布莎岩体中规模最大的矿体 Cr-80，矿体产状亦呈近东西向。只是 Cr-28 矿体及其周围的岩石构造破碎程度更强一些，矿体周围的岩性交替更频繁。

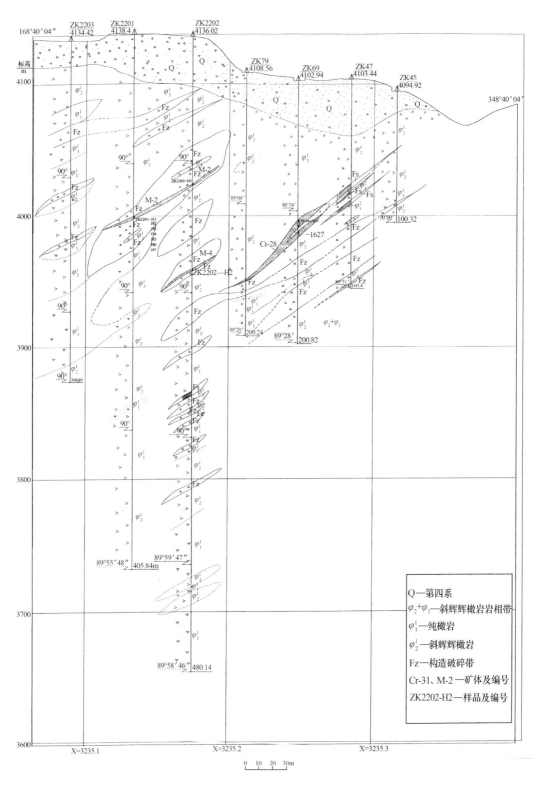

图6.3 罗布莎铬铁矿区Ⅱ矿群 Cr-28 地段 22 排勘探线剖面图

6.4.4.2 Ⅶ矿群 Cr－57 矿体

矿体产于中央含矿构造岩相带内，矿体附近破碎带非常发育，矿体及其附近破碎带内的岩（矿）石中均可见到断层擦痕、滑动阶步和糜棱岩，是岩体西段出露最高的一个矿体。出露海拔高度为 4433m，由 03 线至西 44 线控制了矿体的规模。相对 Ⅱ矿群 Cr－31 矿体，出露高差达 274m，矿体赋存标高 4433～4070m。地表露头见于 03 线至 07 线之间，近东西向分布长 20 余米，矿体总体走向 72°，倾向 162°，倾角随地段不同略有差异，但总体变化不大，相对较稳定。矿体的总体侧（倾）伏方位为 160°，侧伏角 86°，而深部钻探工程控制的矿体长度达 330m，斜深达 380m，厚度 1～22.31m 不等。矿体倾向南东，倾角 30°～42°。矿体产状表现出上缓下陡特征，与相邻矿体呈叠瓦状排列。距离纯橄岩岩相带的接触界线 300m 左右。矿带附近破碎带非常发育，宽度由 0.3～4m 呈北西和北东向展布。矿体形态比较稳定，但产状变化较大。在西 24 至西 32 勘查线间，矿体倾角变陡，一般大于 42°。走向长度小于倾斜方向的延深，像这种沿侧向延展较大的矿体在整个岩体内相对较少。各剖面上的矿体形态呈似脉状，总体形态为浅部产状稍陡，中部产状平缓，深部又变陡，呈波状起伏的似脉状矿体。Cr－57 矿体、Cr－55 矿体以及 Cr－10 等几个矿体在横剖面（图 6.4）与纵投影图上均有相互平行的组合形式。矿山提供的探采对比资料表明，对矿体的总体控制较好，局部可见到辉长辉绿岩脉穿入矿体中。

2007～2009 年接替资源勘查中，不仅扩大了 Cr－57、Cr－10 矿体的规模，并且发现了深部的 Cr－12 号盲矿体。Cr－10 和 Cr－12 均位于 Cr－57 主矿体的北西方向。Cr－10 是较大的似脉状矿体，倾向南东，倾角 45°～59°。地表出露长度近 50m，控制长 160m，斜深已控制达 130m。

需要指出的是 Ⅴ矿群的 Cr－116 矿体，该矿体系由 ZK293、ZK298、ZK614 3 个钻孔控制的，深部纯橄岩岩相带中呈稀疏浸染状的矿体。矿体长轴长 160m，剖面上控制的斜深分别为 170m、120m。为一不规则的透镜状矿体。这个矿体是罗布莎岩体中纯橄岩岩相带内目前查明的最大矿体。

罗布莎矿区内的矿体数量超过 200 个，矿体形态产状与香卡山矿区、康金拉矿区矿体的产出规律相当。但矿体的数量、规模却要较香卡山、康金拉矿区数量多、规模大。探获的铬铁矿资源储量也较其他两个矿区的资源储量多许多。

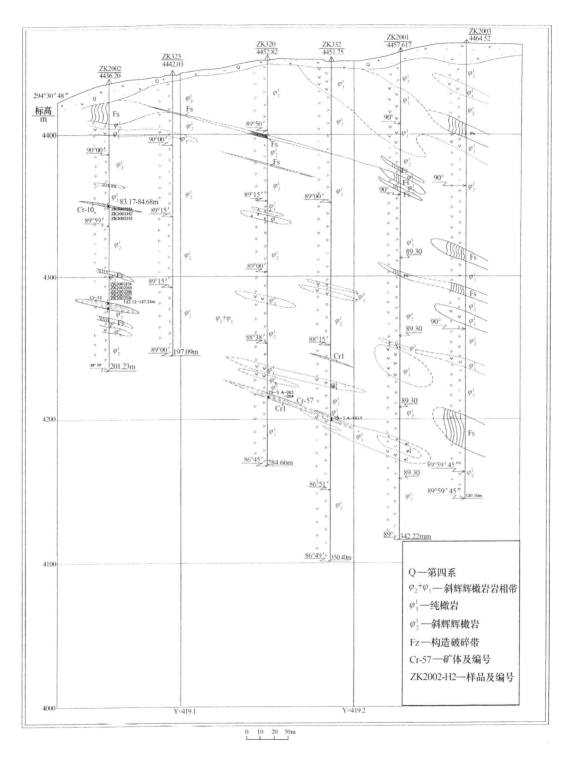

图 6.4 罗布莎铬铁矿区Ⅶ矿群西 20 排勘探线剖面图

6.4.4.3　矿石物质组成

在罗布莎岩体含矿构造岩相带中主要矿体上采集的62个造矿铬尖晶石样，有83%为铬铁矿型，其余9个为铝铬铁矿型。即使在纯橄岩岩相带发现呈稀疏浸染状的 Cr – 116 矿体，矿石类型仍为铬铁矿型。Ⅱ矿群 Cr – 54 矿体采集了4个样，其中，矿石类型分别为稀疏浸染状和中等—稠密浸染状的两个样品属铬铁矿型，而致密块状和豆状矿石的两个样则为铝铬铁矿型，一个小矿体中的矿石却有两种不同的铬铁矿类型（表6.2），足见其成矿过程的复杂。

表 6.2　藏南蛇绿岩带铬铁矿电子探针分析结果　　　　单位：%

岩体	样号	铬尖晶石类型	Cr_2O_3	FeO	MgO	Al_2O_3	MnO	SiO_2	TiO_2	CoO	NiO	V_2O_5	Na_2O	Mg'	Cr'
拉昂错	DL19 – 2	铁镁铬铁矿	58.27	18.76	11.57	10.05	0.83	0.32	0.17		0.18	0.19		52.4	79.5
	DL20 – 1	铁镁铬铁矿	59.48	16.29	12.08	10.02	0.84	0.16	0.13		0.23	0.19		56.9	79.9
	DL85 – 1	铝 – 铁镁铬铁矿	44.78	16.03	13.60	23.81	0.26	0.32	0.04	0.30		0.05		60.2	55.8
	DL85 – 1	铁镁铬铁矿	52.21	19.40	11.48	15.09	0.35	0.48	0.10	0.56	0.05	0.47		51.3	69.9
	DL85 – 2	铝 – 铁镁铬铁矿	46.34	14.22	14.65	22.78	0.85	0.22	0.19		0.49	0.17		64.7	57.7
	DL253 – 1	镁铁铬铁矿	55.07	20.66	9.98	11.63	0.99	0.33	0.31	0.01			0.40	46.3	76.1
当穷	Dqc3 – 10	铁镁铬铁矿	57.65	14.56	14.24	10.48	0.34		0.15					63.6	78.7
	Dqc3 – 11	铁镁铬铁矿	59.69	13.80	14.41	9.97	0.14		0.11					65.1	80.1
罗布莎	DLx2 – 4	铁镁铬铁矿	59.35	15.03	13.59	11.45	0.22	0.37	0.08	0.34	0.24			61.7	77.7
	DLx2 – 6	铁镁铬铁矿	56.67	15.02	13.95	12.40	0.81	0.22	0.27	0.15		0.29		62.4	75.4
	DLx2 – 7	铁镁铬铁矿	60.41	12.79	14.63	10.11	0.44		0.32	0.44		0.14		67.3	80.0
	DLx2 – 8	铁镁铬铁矿	61.27	14.22	13.91	9.14	0.79	0.14	0.18					63.6	81.8

注：由中国地质大学（北京）电子探针实验室分析，Cr' = 100Cr/（Cr + Al），Mg' = 100Mg/（Mg + Fe²⁺）。

矿石中的金属氧化物以磁铁矿较为常见，但是含量极微，在多数情况下呈他形带状分布于铬铁矿颗粒边缘或裂隙中。其他如赤铁矿、钛铁矿、钛铁晶石等则仅偶尔见到。

中国地质科学院的（杨经绥等，2004）通过对罗布莎蛇绿岩铬铁矿人工重砂的多年研究，发现了一个由70～80种矿物组成的地幔矿物群：包括自然元素矿物、氧化物类矿物、合金类矿物、硫（砷、碲）化物类矿物、碳化物类矿物、氮化物类矿物和硅酸盐矿物等（图6.5）。这些矿物非常细小，通常为微米至数十微米，呈微细矿物包裹体存在。进一步工作后又初步确认出一批压力指示矿物，包括呈斯石英假象的柯石英、微粒金刚石（图6.6）和产在锇铱矿中的原位金刚石、产在铬铁矿和锇铱矿中的硅尖晶石、铬铁矿中的硅金红石、呈八面体假象的蛇纹石和绿泥石，以及方铁矿和自然铁矿物组合等。他们分析后认为：罗布莎蛇绿岩铬铁矿中的超高温、超高压矿物可能来自大于300km的深部地幔，被包裹在铬铁矿中，通过地幔柱的上升被带到浅部地幔（杨经绥等，2008）。

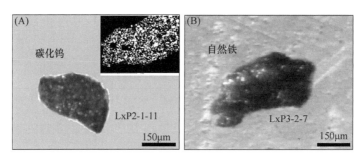

图6.5　罗布莎铬铁矿方辉橄榄岩围岩（L4040样品）中的异常矿物的照片

（据杨经绥等，2008）

（A）实体显微镜下的碳化钨（WC），其中插图是扫描电镜背散射图像，表明是由多晶矿物组成；（B）实体显微镜下的自然铁

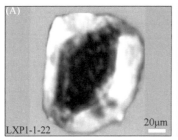

图6.6　罗布莎铬铁矿围岩样品中的金刚石

（据杨经绥等，2008）

（A）实体显微镜下的金刚石；（B）金刚石的背散射电子图像

　　矿石中硫化物的含量虽少，但是在光片中经常能见到。其中镍黄铁矿分布最为普遍、最为常见，而且颗粒相对较大，最大的颗粒达1.5mm，呈不规则状分布于铬铁矿晶粒之间、内部或脉石矿物中。镍黄铁矿的化学成分变化较大，多数含有不等量的Cu，有时Cu含量比Ni还高。此外，针镍矿也是较常见的硫化物之一，分布于铬铁矿晶粒内。其他的硫化物如黄铁矿、黄铜矿、辉铜矿、六方硫镍矿等以及金属互化物（铁镍矿）较为少见，颗粒也细小，它们的分布特点与镍黄铁矿类似。

现有资料表明，罗布莎超基性岩体赋存的致密块状铬铁矿矿石，是我国铬铁矿质量最好的矿石。据《西藏自治区曲松县罗布莎铬铁矿区详细普查地质报告》，罗布莎矿区各矿群的矿石质量（由东向西）见表6.3。

表 6.3　罗布莎铬铁矿区各矿群矿石质量平均值一览表

矿群	Cr_2O_3/%	Cr_2O_3/<FeO>	矿群	Cr_2O_3/%	Cr_2O_3/<FeO>
Ⅵ	47.21	3.93	Ⅱ	52.21	4.37
Ⅴ	53.06	4.29	Ⅲ	52.46	4.22
Ⅰ	53.80	4.45	Ⅶ	50.80	4.28

注：表中Ⅴ矿群，不包括稀疏浸染状矿石的 Cr－116 矿体。

Ⅱ矿群 Cr－31 矿体的 Cr_2O_3 平均值为 53.45%，Cr_2O_3/<FeO> 为 4.40；Ⅶ矿群 Cr－57 矿体的 Cr_2O_3 平均值为53.42%，Cr_2O_3/<FeO> 为 4.42；香卡山矿区 ⅩⅣ 矿群 Cr－141 矿体的 Cr_2O_3 平均值为 54.95%，Cr_2O_3/<FeO> 为 4.36；康金拉矿区 Cr－11 矿体矿石平均品位为 Cr_2O_3 47.28%，Cr_2O_3/ <FeO> 为 1.83～6.55，只有一个样小于4。

矿石中有害组分 P、S 很低。罗布莎矿区各矿群 P 的平均值在 0～0.002% 之间，唯有Ⅲ矿群的 P 平均值为 0.004%，远低于一般指标小于 0.07% 的要求。S 的平均值，各矿群在 0.003%～0.004%，远低于一般指标小于 0.05% 的要求。

岩石和铬铁矿石中都伴生有铂族元素，矿石中铂族元素总量为 0.190×10^{-6}～2.610×10^{-6}，多数为 0.4×10^{-6}～0.6×10^{-6}，平均 0.497×10^{-6}。Ⅱ矿群 Cr－31 矿体的铂族元素总量为 1.262×10^{-6}。以 Os、Ir、Ru 为主，矿石中的铂族元素可以作为伴生组分综合利用。不同岩相带中岩石的铂族元素总量在 0.021×10^{-6}～0.043×10^{-6}，含量很低没有意义。矿石中还较普遍地含有金刚石矿物，含量不高，颗粒度很细，可否顺便回收，需要通过进一步工作后确定。

6.4.4.4　矿体围岩及接触关系

矿体的围岩主要为斜辉辉橄岩（或片状蛇纹岩）和纯橄岩两种。该类矿床有时为单一的斜辉辉橄岩，但有时也为两种岩性（斜辉辉橄岩和纯橄岩）所制约。罗布莎矿床和东巧西岩体铬铁矿体都见这两种情况，以罗布莎矿为例，详述如下。

a. 斜辉辉橄岩：是大多数矿体的主要近矿围岩，岩石普遍具有褪色现象和强蛇纹石化与片理化。由于蛇纹石化，部分矿体之围岩已完全成为蛇纹岩，绢石已无踪迹。

罗布莎矿区的近矿围岩，据主要的 12 个矿体的 290 个点统计，其中 201 个点为斜辉辉橄岩，占了 69%。矿区内最大的矿体之一，Ⅱ 矿群 Cr–31 矿体的顶、底板，斜辉辉橄岩占了 77.5%。

b. 纯橄岩：矿体与纯橄岩直接接触仅见于局部地段。纯橄岩的产出形式多样，以透镜体出现者为多，规模不大。中央含矿构造岩相带内出现频率较高，深部较地表多。上述事实表明，纯橄岩的多寡与工业矿体的集中程度有着密切的空间关系。在这些纯橄岩透镜体中，有时见有浸染状和条带状矿化，纯橄岩与矿体的接触关系清楚而截然。但接触形式多为波状或锯齿状、分叉分枝状等。

在康金拉矿区，浸染状矿石的矿体其围岩为单一的纯橄岩。矿石主要由不同粒径、不同数量的铬尖晶石组成，其中包括各种浸染状矿石及条带状矿石。矿体与围岩呈渐变过渡关系。铬尖晶石粗细粒级具沉积晕带特征。

c. 矿体被"薄壳"纯橄岩包裹："薄壳"纯橄岩的厚度有几厘米乃至 1～2m，个别最厚达 5m 左右。与矿体多为半包裹型，整个矿体为其所包的情况比较少见。"薄壳"纯橄岩的岩石化学成分与远离矿体的纯橄岩不同。Ⅱ 矿群 Cr–31、Ⅶ 矿群 Cr–57 和 XⅥ 矿群 Cr–162$_{(2)}$ 等的一些矿体均属此种情况。"薄壳"纯橄岩所依附之矿体仿如"胞衣"，虽见矿体分枝、分叉，但"壳体"仍然依附于矿体并未见到其与矿体的相互穿插关系。矿体与"薄壳"纯橄岩的接触带仅见有褪色或片理化现象，未见高温蚀变现象。

d. 矿体与破碎带接触：这种接触形式较多见，破碎带的成分可以是斜辉辉橄岩或纯橄岩任一种，也可以是斜辉辉橄岩及纯橄岩两种岩石。Ⅶ 矿群的 Cr–57 矿体，局部与破碎带直接接触，破碎带一般宽 0.2～1m 左右，岩石见有碳酸盐化、蛇纹石化、褪色与片理化、糜棱岩化等。矿体往往在下盘与破碎带接触，局部地段可见近矿围岩有构造（断层）阶步和滑移线理，但多数围岩只显得破碎。

e. 矿石与围岩的接触关系：总体来说，主要矿体与不同的围岩绝大多数为截然清楚的关系。按矿石类型来说，致密块状、稠密浸染状矿石与围岩为截然清楚的关系，而稀疏浸染状的 Ⅴ 矿群 Cr–116 矿体，赋存在纯橄岩岩相带中，其与纯橄岩为渐变过渡的关系（图6.7）。

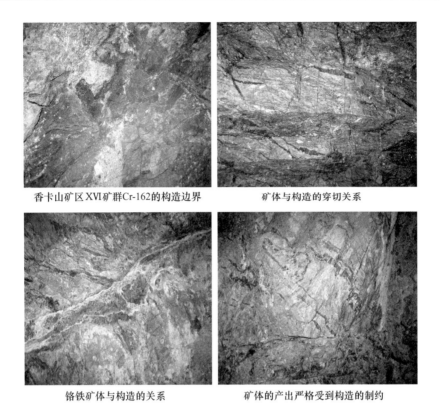

香卡山矿区ⅩⅥ矿群Cr-162的构造边界　　　矿体与构造的穿切关系

铬铁矿体与构造的关系　　　矿体的产出严格受到构造的制约

图 6.7　罗布莎岩体内铬铁矿与围岩的关系

6.4.5　探采对比成果

据西藏二队 1986 年提交的《西藏自治区曲松县罗布莎铬铁矿区Ⅰ、Ⅱ矿群勘探地质报告》中提供的西藏矿业公司对Ⅱ矿群 Cr－28 矿体及 Cr－31 矿体进行的探采对比资料：Cr－28 矿体 4070m 以上地段查明的矿石资源量为 36.22 万 t，露天开采实际采出的矿量为 27.91 万 t，相对误差 22.94%；Cr－28 矿体 4040~3960m 中段的资源量为 30.9 万 t（包含 Cr－28$_{(2)}$、Cr－110、Cr－107 三个矿体），而井下开采 3960m 中段以上采出矿量为 15.82 万 t（含上述三个矿体），相对误差 48.80%；Cr－31 矿体 4120m 以上露天开采，勘探 C＋D 级资源量约为 26 万 t，而实际采出矿石量为 18 万 t，相对误差 30.77%。

西藏山南江南矿业公司提供的资料显示：长沙黑色金属设计研究院将 Cr－55、Cr－10、Cr－57 三个矿体确定为地下开采，设计控制矿量 45.24 万 t，开采深度 205m（4394~4189m），设计矿山服务年限 23 年，稳产 21 年。截至 2009 年底，Cr－55、Cr－10、Cr－57 三个矿体累计采出铬铁矿石 388094.18t。以上可见，从总量上看，采出量占设计控制矿量的 85% 左右，这个比例是非常高的，且 Cr – 57 矿体尚未闭坑，也就是说这个比例还会提高。从单个矿体来看，Ⅶ矿群 Cr – 57 矿体地质勘探估算资源储量 368403.90t。经生产证实，Cr – 57 矿体已采出矿石 253378.38t，损失率仅为 1%，目前还剩 71265.62t，与原地质勘探相比少 43759.90t，相对误差为 11.88%，其地质可靠程度达到了勘探的精度。

《固体矿产地质勘查规范总则》（简称《总则》）附录 C 的 SD 精度与地质可靠程度关系应用图上显示为：探明的 $\eta \geqslant 80\%$；控制的 $45\% \leqslant \eta < 65\%$。对照这一精度要求，以上探采对比结果表明：这个结果完全符合《总则》的要求，即使 Cr – 28 矿体 4040 ~ 3960m 中段的资源量的相对误差为 48.80%，也在"控制的 $45\% \leqslant \eta < 65\%$"的要求范围内。这种变化也完全符合铬铁矿形成的复杂过程和产出特征。

虽然依据规范的要求来衡量，诸矿体资源储量的变化仍在规范允许的范围内，但形态产状、重合率、厚度等的变化还是很大的，尤其是矿体被肢解的情况，还是比较普遍的。在新疆萨尔托海的情况也类似。它提醒勘查者是通过加密工程来解决单个矿体的勘查程度问题，还是到生产勘探阶段再来处理。这需要通过算经济账来权衡。这是我们在蛇绿岩型豆荚状铬铁矿勘查部署、勘查控制程度方面提出新认识的主要依据。

6.5　铬铁矿体赋存部位及展布特征

罗布莎岩体勘查程度较高、探获资源储量最多的罗布莎、香卡山、康金拉等主要铬铁矿矿床，主要铬铁矿体的赋存部位，与国内外多个豆荚状铬铁矿赋存部位相比总体是一致的（图6.8）。

6.5.1　矿体赋存部位

豆荚状铬铁矿体相对集中分布在地幔岩一侧且在距地幔岩与堆晶岩接触界面的几百米范围内，总体顺着岩体中轴延展方向，构成一个明显的矿带。罗布莎岩体的主要矿体都相对集中分布在岩体中部含纯橄岩的斜辉辉橄岩岩相带中，构成一个中央含矿构造岩相带，在距纯橄岩岩相带的接触带 200 ~ 600m 范围内，随岩体的总体走向延伸 10 余千米。

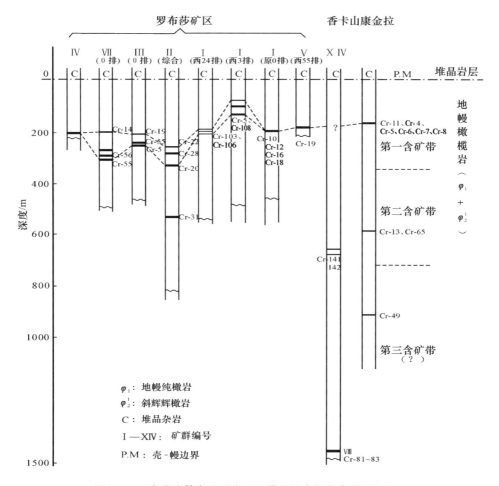

图 6.8　罗布莎岩体各矿群主要矿带的赋存部位代表性柱状图

东巧西矿区中有 4 个矿带，主要矿带就与罗布莎岩体的中央含矿构造岩相带同样位于岩体中部的纯橄岩—斜辉辉橄岩岩相带中。

另外，在纯橄岩岩相带中，常常有稀疏浸染状的铬铁矿矿体存在，如罗布莎矿区 V 矿群的 Cr – 116 矿体，规模较大，矿石为稀疏浸染状，平均 Cr_2O_3 7.55%，Cr_2O_3／< FeO > 为1.09，探获资源量达 70 余万吨。因此，对赋存在纯橄岩岩相带中的稀疏浸染状矿体，也不能忽视。

6.5.2　矿体展布特征

豆荚状铬铁矿矿体呈现成带分布、成群出现、分段集中的特点。这是几十年铬铁矿勘查对矿体展布规律的总结。在对罗布莎矿区的勘查中有了更加深入的认识。通过大量勘查工作以及对资料的综合分析和研究，对铬铁矿的控矿条件认识有了观念上的改变。罗布莎岩体纵贯着一条规模巨大的中央含矿构造岩相带，其中有16个矿群加康金拉构成，在岩体西段的罗布莎矿区有7个矿群，其中的Ⅱ矿群位于岩体西段膨大部位，此处又展示出斜列着的Cr−28、Cr−31、Cr−80等三个矿段和与Ⅱ矿群平行斜列着的Cr−109、Cr−32、Cr−115等Ⅰ矿群的矿体。Ⅲ矿群平台和半坡也是两个矿段。这些矿段、矿群的展布，有其内在的规律："矿体在平面上呈雁行状排列，在剖面上呈叠瓦状展布，一些大矿体常常具有明显的侧伏方向"。深入研究了其在空间上、构造上、岩相上、矿物特征上以及与脉岩关系上的特点（详见图6.9），从而使找矿工作取得了明显的进展。

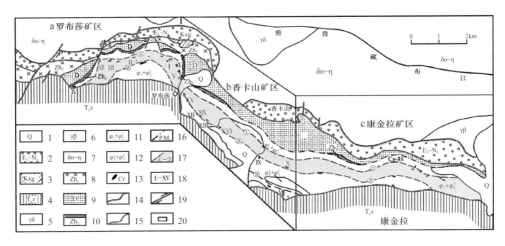

图6.9 罗布莎岩体中央含矿构造岩相带分布示意图

1—第四系（不分）；2—古近−新近系砂砾岩等；3—白垩系砂砾岩等；4—上三叠统砂板岩等；5—花岗闪长岩；6—黑云母花岗岩；7—石英闪长岩；8—上部堆晶岩（习称"下杂"）；9—堆晶纯橄榄岩；10—下部堆晶岩及地幔橄榄岩（异剥橄榄岩＋辉石岩±辉长岩）（习称"上杂"）；11—斜辉辉橄岩＋纯橄岩；12—斜辉橄榄岩＋二辉橄榄岩；13—铬铁矿体；14—不整合接触界线；15—地质界线（不分）；16—壳−幔边界线；17—含矿带及编号；18—矿体群编号；19—断层（不分）；20—矿区位置

需要指出的是，许多蛇绿岩型岩体中，在岩体内的两侧，常常分布着规模不大、连续性较差、矿石质量不一的铬铁矿体，构成岩体边缘矿带，有的产在岩体边缘一侧，有的两侧都有。罗布莎岩体的边缘两侧都有，构成不连续的南、北两个矿带。正因为此，我们将位于中部的主要矿带称作中央含矿构造岩相带。边缘矿带由于矿体规模不大，工作量有限而任务重，一般都没能将其作为主要勘查对象对待。我国主要的铬铁矿区萨尔托海、贺根山、东巧等，都有这一特点。

6.6 危机矿山接替资源找矿

6.6.1 西藏矿业发展股份有限公司

截至 2006 年，在西藏矿业发展股份有限公司持有的罗布莎铬铁矿区 I 和 II 矿群、V 矿群两个采矿权范围内，共查明铬铁矿石资源量 319.57 万 t，其中富矿石 246.94 万 t。公司控股的 V 矿群 Cr–116 矿体，保有矿石量（相当于推断的资源量 (333)）72.63 万 t，Cr_2O_3 品位 7.55%，系低品位的贫矿。由于矿体埋藏深度大，矿石品位低，控制程度低，因此目前尚未投入开发。

矿山开采已有二十多年，截至 2009 年，开采矿石 114.26 万 t；保有富矿石资源储量 49.84 万 t；开采中资源储量变化损失 66.67 万 t，矿石回收率 92%，贫化率 10%。保有量可采年限小于 10 年。

勘查单位为西藏地质矿产勘查开发局第二地质大队。

工作周期为 2007 年 12 月 ~ 2010 年 3 月。实际工作时间为 2007 ~ 2009 年；野外验收时间为 2009 年 10 月；报告终审时间 2010 年 8 月。

6.6.1.1 目标任务

采用坑探和钻探工程对 I、II、IV、V 矿群深部矿体进行控制，探求 333 资源量；开展磁法、重力、坑道之间声波透视、电波透视工作，了解矿群间的相互关系；加强综合研究，进一步了解 I、II 矿群铬铁矿产出规律，用于指导找矿；对 V 矿群的贫矿体使用少量探矿工程大间距地控制其形态及品位变化。

6.6.1.2 实际完成的主要实物工作量

实际完成的主要实物工作量详见表 6.4。

表6.4　西藏矿业公司接替资源找矿主要实物工作量完成表

工作项目	单　位	设计工作量	实际工作量	完成百分比/%
1:2000 高精度重力	km²	3	3	100
1:2000 高精度磁测	km²	1	1	100
无线电波透视试验	m	1400	1400	100
钻探	m	10400	10411.93	100.11
平硐	m	2400	2421.22	100.88

6.6.2　西藏山南江南矿业股份有限公司

西藏山南江南矿业有限责任公司目前在西藏曲松县罗布莎、香卡山、康金拉拥有矿权5处，矿区面积11.3066km²，均为地下开采。经过近20年的开采，截至2008年底公司保有资源储量26.85万t（不包括危机矿山和自筹资金项目新增加的资源量）。按目前的年产6万t计算，矿山服务年限不足5年，公司的资源形势不容乐观，寻找后备资源已成为公司迫在眉睫的问题。

2007年1月15日下达的全国危机矿山接替资源找矿项目2006年度任务书（编号〔2006〕135号）。

工作周期为2006年12月至2009年3月，后又延续1年。

6.6.2.1　目标任务

本次危机矿山接替资源铬铁矿勘查项目的总体目标为：在康金拉矿区、香卡山Ⅷ、Ⅸ、ⅩⅥ矿群、罗布莎Ⅶ矿群有利地段，进行地质勘查工作，探求333资源量；开展综合研究工作，系统收集以往勘查、矿山、科研等地质工作成果，进一步了解矿群间矿体分布特征，大致查明矿体的尖灭再现、侧伏情况，指导工程布置，提高找矿效果。

预期成果为累计提交333铬铁矿石资源量30万t并提交勘查报告。

项目总预算为2765万元。其中中央财政1382万元，企业自筹1383万元。

要求提交报告时间为2009年12月，资料汇交时间为2010年3月。

6.6.2.2　投入主要实物工作量

西藏山南江南矿业公司接替资源找矿主要实物工作量详见表6.5。

表 6.5 西藏山南江南矿业公司接替资源找矿主要实物工作量完成情况表

工作项目	单 位	设计工作量	实际工作量	完成百分比/%
1:5000 地质草测	km²		7	
1:5000 高精度重磁测	km²	5	5	100
1:2000 高精度磁测	km²	2	2	100
无线电波透视试验	m	2000	2000	100
槽探	m³	1000	1089	108.90
浅井	m	100	103.1	103.10
钻探	m	13200	13930.23	105.53
平硐	m	4300	4310	100.23

6.6.3 勘查工作

两个项目分属两个矿山企业，但均由西藏二队承担接替资源找矿的勘查任务。勘查工作由二队项目组统一安排，分别编写设计，经危机矿山接替资源找矿办公室组织专家评审通过后组织实施，监审专家负责协调及依据实际情况调整工作部署。因此，两个项目的勘查过程总体相同，但也有各自特色。有关勘查工作综合如下。

第一，坚持遵循地质规律部署矿产勘查工作。罗布莎铬铁矿位于环球阿尔卑斯成矿带雅鲁藏布江超基性岩带内，是我国铬铁矿资源潜力前景巨大的地区之一。

罗布莎铬铁矿区自 20 世纪 60 年代以来，找矿效果显著。勘查中总结出了岩体中部的中央含矿构造岩相带是主要赋矿空间的认识。该带岩石组合复杂，由斜辉辉橄岩、纯橄岩、铬铁矿、辉长－辉绿岩脉以及构造破碎带组成。地球物理特征表现为高磁低重力；带内铬铁矿化与构造有密切的关系，已知的主要矿群均位于其中，具有成带分布、成群出现、分段集中的特点。多年的找矿、勘查实践，一再证实只有在该带中才能找到质优、具一定规模的铬铁矿体。由此，在接替资源找矿工作中，始终把中央含矿构造岩相带作为主攻地段。尤其是位于两组构造交汇处的 Ⅱ 矿群，也是中央含矿构造岩相带展布最宽的地段之一，是铬铁矿资源潜力最大的地段，是布置工程的首选地段，勘查成果证实了我们的正确部署。勘查工作中我们还收集了探采对比的资料，从中总结了控矿规律，修正、完善了我们部署勘查工程的指导思想，又好又快地完成了勘查任务。

第二，开拓思路扩大找矿范围。由于工作量的制约，此次接替资源找矿工作的范围，仅在Ⅱ矿群Cr-31矿体地段进行。一方面，沿着Cr-31矿体的侧伏方向继续追索扩大矿体规模，寻找呈叠瓦状排列的Cr-66矿体的深部延伸。另一方面，依据矿体呈雁行状斜列、叠瓦状展布的特点，考虑到Cr-28矿体与Cr-31矿体间的间距较大，还存在着叠瓦状矿体展布的可能性，布置了22线的ZK2201、ZK2202两个孔，分别见到了矿体。虽然该盲矿体的规模不大，但显示了在Cr-28矿体与Cr-31矿体间存在着一个新的赋矿空间，是今后找矿的一个方向。只要我们加强综合研究，类似的赋矿空间将会不断被发现。

第三，总结勘查成果，及时调整部署。罗布莎矿区Ⅶ矿群Cr-57矿体深部找矿取得成功就是依据上述地质规律。矿山在扎布等处施工的工程见矿效果不理想，则是对规律认识不足所致。在康金拉矿区矿化范围较大，成矿条件良好，预期可取得较好的找矿效果，部署了坑道工程找矿。但由于该区海拔高、地质条件复杂，冰川刨蚀作用和风化极为强烈，施工中常遇构造破碎无法通过，进度缓慢。为了完成找矿任务，及时调整部署，将工作量调整到罗布莎矿区Ⅶ矿群，保证了资源量任务的完成。香卡山矿区Ⅷ矿群、扎布地段的找矿和异常查证工作也有类似情况。

第四，注重综合评价。根据以往勘查成果，铬铁矿矿体中伴生有达到综合评价指标要求的铂族元素。勘查中对铂族元素伴生矿产的综合评价主要通过采集样品送有资质的权威测试单位加工分析来进行。这些工作提高了资料的可信度和估算资源量的可靠程度。

第五，积极采用多工种的综合方法和手段。豆荚状铬铁矿的单体规模一般不大，其产出特征反映了找矿的难度。为了提高找矿的效果，我们采用了地质、物探（重力、磁法、井中声波透视方法试验、放射性密度测井、视电阻率测井、磁化率测井、天然放射性（自然伽马）测井及声波测井、无线电波透视试验）、硼元素地球化学方法试验、钻探、坑探等多种手段。

结果表明，地质是最根本、最基础的手段。脱离地质填图、工程揭露的野外观察和编录、采样测试、综合分析研究，就无法深入开展找矿勘查。综合研究的方法，集地质、物探、化探、钻探、采样测试等各类资料及各方面的专家，进行深入浅出的研究，是找矿工作自始至终不可或缺的最重要方法。重力、磁法用于圈定岩体和构造的效果较好。无线电波透视试验，选择三对平硐间进行了电磁波透视，设计工作量1400m，实际完成2173m。实践证实，因铬铁矿对电磁波的吸收明显低于纯橄岩和斜辉辉橄岩等围岩，故用电磁波法区分铬铁矿体与围岩效果较明显。但由于围岩对电磁波的吸收较强，探测距离较为有限，一般小于80m，所以电磁波法仅适用于钻孔间或坑道间做透视，不适于用来找矿。为了提高找矿的效率和效果，还借鉴新疆作法利用硼元素的异常找铬铁矿的经验，在Ⅱ矿群 PD4040 见矿平硐以 20m 间距，ZK1201、ZK0201、ZK0202、ZK1202 见矿钻孔按 5～10m 间距进行了取样，对 536 件样品的硼元素进行了分析。成果表明，硼元素高异常值，岩石中发现的硼镁石、富硼的铬石榴子石、铬符山石可作为铬铁矿找矿标志。但是依据硼异常规律在某些地段却未发现铬铁矿体，如 ZK1001 孔 170m、100m 处，ZK0202 孔 190m 处。也就是说，单凭硼元素高异常值突变为低值异常作为找矿标志有一定局限性，应结合特征矿物硼镁石、富硼的铬石榴子石、铬符山石综合分析而定。

6.6.4　勘查主要成果及新认识

6.6.4.1　西藏矿业公司勘查成果

此次接替资源找矿工作的成果，扩大了找矿范围和前景，在矿群中找到了一些新的赋矿地段，发现了一些新的盲矿体，不论是Ⅱ矿群的 Cr-31 矿体地段，还是 Cr-28 矿体至 Cr-31 矿体之间地段。进一步显示出，在中央含矿构造岩相带的范围内，矿体产出特征受构造制约。中央含矿构造岩相带是罗布莎、香卡山、康金拉铬铁矿矿区的主要控矿和容矿构造。通过此次接替资源找矿，更加证实了中央含矿构造岩相带的存在。

建立了矿群中"矿体团"的三维模型，为深入研究罗布莎超基性岩体铬铁矿的成矿机制、控矿条件提供了研究平台。

探采对比资料显示，Cr-28 矿体 4070m 台阶以上地段主要采用露天开采。据二队 1986 年提交的《西藏自治区曲松县罗布莎铬铁矿区Ⅰ、Ⅱ矿群勘探地质报告》，Cr-28 矿体 4070m 以上地段查明的矿石资源量为 36.22 万 t，露天开采实际采出的矿量为 27.91 万 t，相对误差 22.94%；Cr-28 矿体 4040～3960m 中段的资源量为 30.9 万 t（包含 Cr-28$_{(2)}$、Cr-110、Cr-107 三个矿体），而井下开采 3960m 中段以上采出矿量仅为 15.82 万 t（含上述三个矿体），相对误差 48.80%；Cr-31 矿体 4120m 以上露天开采，勘探 C+D 级资源量约为 26 万 t，而实际采出矿石量为 18 万 t，相对误差 30.77%。

从以上可知，探采对比的相对误差在 48.80%～22.94% 间，姑且不论探采对比的精度以及开采中是否存在不足，就这些数据本身提供的信息，用豆荚状铬铁矿的产出特征来衡量，资源量的数量相差不大。现行《固体矿产地质勘查规范总则》附录三中明确用SD法估算资源量，详查的地质精度是45% ~65%，用规范衡量符合要求。对一个主要是详查、仅局部达到勘探程度的铬铁矿体，用中段进行探采对比要求是高了点。对于详查阶段的探采对比，最多进行全矿体的整体对比，若是这样，Cr – 28 矿体的相对误差小于36%。现行《固体矿产地质勘查规范总则》的附录 C 明确指出，控制的资源量的地质可靠程度为 $45\% \leqslant \eta < 65\%$。

6.6.4.2　西藏山南江南矿业公司勘查成果

此次接替资源找矿工作的成果，扩大了找矿范围和前景，在矿群中找到了一些新的容矿地段，发现了一些新的盲矿体，不论是Ⅶ矿群的 Cr – 57 矿体，还是香卡山矿区的ⅩⅥ矿群的 Cr – 162 矿体，或者康金拉的矿体的分布，都进一步显示受到构造的控制，都在中央含矿构造岩相带的范围内，矿体产出特征受其制约。中央含矿构造岩相带是罗布莎、香卡山、康金拉铬铁矿矿区的主要控矿和容矿构造。以这个认识遵循了地质规律，才有了新发现，扩大了找矿成果。

6.6.4.3　此次勘查的新认识

豆荚状铬铁矿是在地球演化的过程中，地幔深部的含铬铁矿残浆受构造作用强力侵位而形成的，这致使矿体的产出特征表现为成带分布、成群出现、分段集中。这些矿群、矿段实际上是多个大小不等的尚未完全固结呈韧性形变的铬铁矿体，在构造力的严格制约下"抱团"侵位的结果。矿群间有相当的距离，矿群中的矿体间距很小，每个矿群的总体形态产状特征反映了矿团（矿体群）侵位时的运行轨迹。这对铬铁矿勘查方法的选择和勘查工程间距的确定十分重要。探采对比就是为了用最小的投入、最低的成本获得最大的地质效果。换句话说，就是圈定的矿体能够尽可能反映客观，通过勘查尽可能地降低矿山生产的风险。

此次，利用罗布莎两个矿山提供的探采对比资料，可总结出：现行的铬铁矿勘查方法、工程间距，能够基本满足矿山建设设计和生产的需要，虽然矿体的形态变化较大，但矿群资源量的变化能够满足规范中的相应要求，而形态变化影响的范围在采矿工程允许的范围内。采矿资料显示矿体的形态变化大，且矿体多被肢解，但探获的资源量的数量变化多数在规范允许的范围内，甚至更多一些。原因在于铬铁矿"抱团"侵位的特征，矿群范围不大，所以肢解矿体的间距多在几米内。由此，可以将矿群作为衡量控制程度或探采对比的单元。而采矿的结果也没有因为单个矿体的形态变化较大而较大地影响设计的总体部署和年度生产计划的安排，或因此造成了较大的经济损失。所有原因都归结为单个矿体规模小，而矿群中各矿体相距又很近，且周边还存在一些未发现的规模不一的盲矿体，可以弥补部分矿体变化较大的亏损。现在采用 $40m \times 40m$，甚至 $20m \times 20m$ 都不能严格控制单个矿体，而这样做对于深部找矿，在技术上控制孔斜的难度很大，且成本很高。现行的采矿时遇到矿体形态变化，略微改变工程方向就能解决问题而无需大动干戈的做法很实际。因此，对铬铁矿的勘查程度，应以矿群或矿群中的矿段（分段集中）为衡量单元。具体的实例如下。

探采资料表明，勘查工作部署和采用的综合勘查方法和手段是可行的。采用 $80m \times 80m$、$80m \times 40m$、$40m \times 40m$ 间距，在罗布莎对铬铁矿体的控制，基本能够满足普查、详查阶段的要求。只需在 $40m \times 40m$ 间距的基础上，有针对性地适当加密验证工作量，就能满足勘探的要求。无须为了求得圈定矿体形态的可靠性，增加大量不必要的工程量，因为我们需要的是资源储量。

铬铁矿矿体的成矿模式：早在 20 世纪 70 年代对罗布莎铬铁矿区勘查时已发现，罗布莎矿区的造矿铬尖晶石与矿体围岩斜辉辉橄岩的副矿物铬尖晶石的化学成分明显不同，铬铁矿包裹体中的橄榄石 Fo 值较围岩橄榄石要大，且在铬铁矿体中还发现铂族元素和金刚石等矿物。据此，认为罗布莎豆荚状铬铁矿床是来自深部的地幔。

近年来，中国地质科学院地质所一些专家学者（杨经绥等，2004），还在铬铁矿石中发现呈斯石英假象的柯石英和锇铱矿中的金刚石；康金拉的铬铁矿石中挑出 40 余种矿物，其中金属互化物有 Fe－Ni、Fe－Ni－C、Mn－Ni、Fe－Cr、Ti－Si、Si－C 等；罗布莎地幔岩中发现氮化硼（BN）。这些发现都属深部成因，是沿地幔柱上涌到浅部地幔的产物。

6.7　老矿山接替资源找矿及矿山密集区战略性勘查

6.7.1　罗布莎岩体铬铁矿区 I ～ II 矿群

2012～2014 年，西藏二队承担了"西藏自治区曲松县罗布莎铬铁矿接替资源勘查"老矿山找矿项目。工作目的是：在全面分析和综合研究地质、矿产、物探和化探等已有资料的基础上，总结成矿规律；以中央含矿构造岩相带为重点，开展岩性、构造及矿体展布特征研究；补充必要的物（化）探工作，提出深部找矿远景地段；选择有利地段开展深部钻探验证，扩大矿产远景，为矿山企业全面开展增储工作提供依据。

本次工作共施工钻孔 28 个，完成工作量 11350m，平均孔深 391.37m。经钻探取样工程，在Ⅰ、Ⅱ矿群南部及Ⅳ矿群勘查区发现了 15 个隐伏矿体，其中 Cr - 80、Cr - 88、Cr - 89 矿体为主矿体。探获铬铁矿石（333）资源量 56.27 万 t，超额完成了任务书下达的提交 50 万 t 铬铁矿石资源储量任务。在此基础上，西藏矿业公司自筹资金，委托西藏六队，在该区加密控制和扩大找矿范围，圈定了一个罗布莎岩体中迄今最大的 Cr - 80 矿体。实现了罗布莎近 30 年来铬铁矿找矿的重大突破。详见后叙。

6.7.2 罗布莎岩体矿山密集区铬铁矿深部战略性勘查

2012 ~ 2014 年，西藏二队实施了"西藏自治区曲松县罗布莎岩体矿山密集区铬铁矿深部战略性勘查"老矿山找矿项目。该工作的目的是：在全面分析和综合研究地质、矿产、物探和化探等已有资料的基础上，总结成矿规律。以中央含矿构造岩相带深部找矿为主要对象，在已知矿体和矿体密集分布地段深部周边及外围勘查盲区找矿，进一步总结成矿规律，扩大矿山资源远景。在香卡山、康金拉地段物探异常靶区结合地质特征进行分析，选择有利地段通过深部钻探工程验证，寻找新的找矿靶区。

三年期间共施工钻孔 29 个，完成工作量 9972.83m。通过钻探取样工程，在罗布莎Ⅶ矿群 Cr - 57 矿体、香卡山Ⅻ ~ ⅩⅣ矿群深部发现了 Cr - 168 等 7 个隐伏矿体。探获了（332 + 333）铬铁矿石资源量 25.36 万 t，超额完成了"提交找矿靶区 1 ~ 2 处"的预期成果。西藏山南江南矿业公司自筹资金在 Cr - 168 矿体分布地段的 15 线至 35 线间投入钻探工程，圈定了一个规模近百万吨的 Cr - 168 矿体，在香卡山矿区实现了铬铁矿找矿的重大突破，为今后在该区找矿提供了强有力的依据，其指导找矿的意义胜过Ⅱ矿群 Cr - 31 南东方向的 Cr - 80 矿体。前者是在前所未有的深部，发现并圈连出的第一个大矿体，给人们指出了找矿方向，同时增强了人们的找矿信心，且找矿空间很大。后者则是依据该区已知矿体展布规律的延续，只是矿体规模更大，为今后在深部找大矿提供了依据。

康金拉矿区地处罗布莎超基性岩体的中东段，从 20 世纪 60 年代中期以后就断断续续开展工作。矿区位于海拔 5200 多米的高山上，是岩体内最高的矿区。由于基岩风化剥蚀强烈，多形成倒石堆，图 6.10 的背景下钻探和坑道都难以施工，常常因为活石头卡钻，风化带、构造破碎带和片理化带不停地垮塌，迫使多项工程中途停止施工。但二队项目组的全体员工，信心十足，仍然坚持施工。西藏山南江南矿业公司的危机矿山项目、老矿山项目都包括了康金拉矿区。现将康金拉矿区数十年收集到的资料，汇总介绍如下。

矿区内地表出露 10 余个铬铁矿体，成带成群分布特征明显，其走向多与岩体边界或纯橄岩岩相带的界线一致（NEE - SWW）。主要矿体呈东西向产出，向南倾斜，与该地段岩体、岩相带产状一致。局部地段受构造影响，个别矿体也有倾向北东或北西，但为数很少。矿体的分布在平面上呈斜列式，不少矿体具尖灭再现或尖灭侧现等特征。围岩为纯橄岩，可见发育的断层擦痕与阶步。近矿围岩除少数矿体为纯橄岩或纯橄岩"薄壳"环抱以外，绝大多数赋矿围岩均为斜辉辉橄岩。矿石类型以致密块状为主，在规模较大矿体的边部或尖灭端发育的浸染状矿石类型繁多，分布形式也多种多样。

Cr - 11 矿体规模较大，是罗布莎超基性岩体中最大的地表矿体。Cr - 11 矿体位于矿区西部季节湖南山坡上，总体呈豆荚状，已控制长 396m，斜深 95m，厚 0.3 ~ 10.46m，平均厚度 3.31m。矿体中段厚度略小于东西两段厚度，00 线厚度只有 1.52m（平均），而西段 14 线 PD5215 平硐内厚度为 10.46m，平均为 8.89m。东段 15 线最厚 7.54m，平均 2.15m。整个矿体厚度变化系数为 48.91%，较为稳定，矿石品位 Cr_2O_3 54.40%，Cr/ < Fe > 为 4.25。矿体总体走向 105°，倾向南南西，倾角 50° ~ 72°，略有变化，其东段较西段稳定。由于受成矿后构造改造，矿体与围岩间常发育厚度不等的蚀变破碎带（蛇纹片岩），矿体与围岩间为截然或构造接触关系，在极少部分见有渐变 - 突变接触关系。而矿体也被几条斜交或直交的断层（蚀变破碎带）错断，断距小，最大不超过 1cm。矿体出露于地表，在东段 15 线最大埋深 120m，中段 00 线最大埋深 80m，西段 14 线埋深最大为 85m。矿体产出标高为 5180 ~ 5265m，最低和最高标高都位于 15 线。矿体顶、底板附近见有一些小矿脉，厚一般不超过 0.2m，仅在 15 线矿体顶板上见一条厚 0.8m 的矿脉，这些矿脉多为致密块状 - 稠密浸染状，产状与 Cr - 11 主矿体一致。

图 6.10   在海拔 5200m 以上的康金拉矿区考察工程进展情况

在 Cr – 11 矿体的东端有 Cr – 10 矿体，长 130m，宽 2 ~ 3m；西端相隔 50m 又有 Cr – 12 矿体与其平行分布，北侧出露有 Cr – 55 和 Cr – 67。主矿体以东 500m 的 Cr – 6 矿体，长约 70m。

6.8   矿山企业自主找矿勘查成果

6.8.1   西藏矿业公司

在危机矿山接替资源找矿期间，西藏矿业为配合国家项目，投入了配套资金，经过两年的勘查，探获新增铬铁矿石资源量 19.66 万 t。

2011 年，西藏二队承接了国土资源部老矿山项目办下达的"西藏罗布莎矿区Ⅰ、Ⅱ矿群老矿山接替资源找矿项目"，在原来矿区内最大矿体（Cr – 31）的南东斜列方向地段，开展了深部找矿工作。在 0.25km² 范围内，新发现 15 个矿体，扩大一个矿体。其中 Cr – 80、Cr – 88、Cr – 89 三个矿体规模较大，可与Ⅱ矿群 Cr – 31、Cr – 66 矿体媲美。

Cr – 80 矿体位于Ⅱ矿群 Cr – 31 矿体侧伏的延深方向。1970 年，追索 Cr – 31 矿体侧伏方向找矿施工的 ZK138 深孔控制含矿构造岩相带的南东延深方向。2013

年，物探验证孔 ZKWT02 钻到了厚大的多层致密块状铬铁矿体，控制标高为 3937.4~3913.1m，现已有 5 条勘探线、16 个钻孔控制矿体长度 200m 以上。矿体走向近东西，呈波状起伏厚薄变化。倾向南东，呈"S"形，南北两端倾角在 30° 左右，中间部位倾角在 50°~60°。控制矿体展布高度在海拔 4040~3780m，埋藏垂深 260m，斜深 300m。ZK 西 2004 控制标高 3890.52~3865.32m，假厚度为 25.2m，ZK 西 1201 控制标高 3854.27~3850.17m，假厚度为 4.1m。总体倾向南东，倾角 28°~42°，高程垂深 260m。矿体上部向北具有倾角变缓厚度快速变薄尖灭的现象，局部出现矿体厚度变大现象。该矿体向 150° 方向倾伏，总体倾伏角在 40° 左右（图 6.11）。

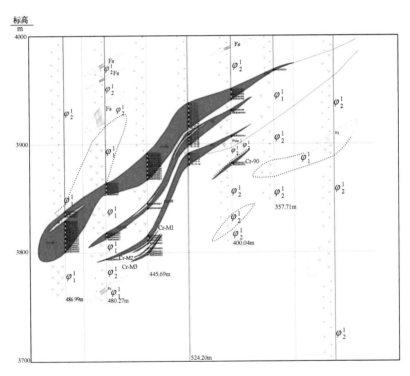

图 6.11　20 勘探线 Cr-80、Cr-89 等矿体剖面图

（据巴登珠等，2013）

铬铁矿体的矿石类型主要是高铬低铁低铝的铁镁铬铁矿，脉石矿物以叶蛇纹石、富铬铁绿泥石、铬绿泥石为主。在矿石中含有少量铂族元素，以锇、铱、钌为主。这些矿物嵌布在铬铁矿中。平均品位 Cr_2O_3 52.84%，Cr/ <Fe> 值为 4.34。

矿体产在斜辉辉橄岩含纯橄岩异离体的岩相中，矿体与围岩接触边缘往往有蛇纹石化纯橄岩或矿化纯橄岩，这些岩石大多都具有碎裂构造，岩石显示破碎特征。

6.8.2 西藏山南江南矿业公司

西藏山南江南矿业公司对铬铁矿资源十分珍惜，为了确保矿山的可持续发展，在找矿方面投入了较大的人力、物力和财力。自 2007 年危机矿山接替资源找矿项目启动以来，公司不仅向国家项目匹配资金，还自筹资金在矿权范围内实施自主勘查。

截至 2014 年，累计完成钻探工作量 64880.35m，投入找矿勘查自筹资金 10117.46 万元。勘查了包括矿权范围内的所有地段，尤其对Ⅷ、Ⅸ、Ⅹ三个矿群的投入较大，但效果很不理想。

2015 年，西藏山南江南矿业公司自筹资金委托西藏二队，对 2014 年二队实施"罗布莎岩体矿山密集区深部铬铁矿战略性勘查"项目期间，在香卡山 ⅪⅤ 矿群 ZK2701 所见 36.79m 厚大矿体地段，开展勘查和资源储量核实工作，要求基本查明该地段的铬铁矿资源状况，开展相应的开采技术条件工作，提交（332 + 333）铬铁矿石资源量。公司投入勘查经费 2500 万元。除以往在该地段投入的各项地质、物探、钻探、采样等工作外。此次还开展了 1:2000 开采技术条件（水、工、环）调查 5km^2，施工钻孔 31 个，完成钻探工作量 15354.26m，水文地质钻探 1527.1m。终于在埋深 300m 上下地段，勘查发现并成功圈连了以 Cr – 168 矿体为主的矿体群。仅 Cr – 168 矿体估算铬铁矿石资源量就已达近百万吨，取得了找矿突破。该矿体群的成功圈连显示了香卡山深部找矿的巨大潜力，为香卡山矿区的深部找矿指明了方向。

Cr – 168 矿体位于 ⅪⅤ 矿群 Cr – 142 矿体南侧 50m 左右，是区内最大的矿体，由 15 – 35 线的 6 条勘探线、14 个孔控制。矿体赋存标高 4364.57 ~ 4256.413m，最高处在 ZK2701。钻孔控制见矿假厚度最厚处在 19 线的 ZK1902，达到了 48.88m，矿体埋藏深度 258m，属于隐伏矿体（图 6.12）。矿体倾向南西，倾角 30°，在 35 排勘查线倾角有所变缓，倾角 25°。矿体走向 150° ~ 330°，整体向北西侧伏，但在 15 线，ZK1503 控制矿体赋存标高达到最低点。矿体具有分支现象，内含 4 层夹石，最厚处为 2.8m。矿体顶、底板岩性主要为纯橄岩与蚀变破碎带。矿体在倾向上最大延伸 166m，走向上最大延伸 288m。矿体沿倾向方向大致呈似脉状，总体走向上显示矿体呈近扁平 "N" 字形。从 27 线往东倾角变缓，厚度逐渐变薄尖灭，往西则有变厚的特征。19 线至 27 线处顶、底板均为纯橄岩，在 15、31、35 线处顶、底板均为蚀变破碎带，主要成分为蛇纹岩和构造角砾岩。矿石类型为致密块状，矿体与围岩呈截然接触关系，矿岩界线清晰，矿体平均品位 Cr_2O_3 52.19%。目前矿体西侧边界尚未控制。

近几年，在同一个岩体的两个矿山，先后在埋深300m 左右的深部发现并圈定出两个百万吨级的优质铬铁矿矿体，是我国铬铁矿找矿史上前所未有的大事。给我们的启示是：在我国铬铁矿找矿的前景广阔；只要我们各勘查单位优选靶区，精心施工，加强综合研究，善于总结地质规律，严格遵循地质规律，坚持科学找矿。在勘查资金的保障下，我国的铬铁矿找矿定会有更加重大的突破。

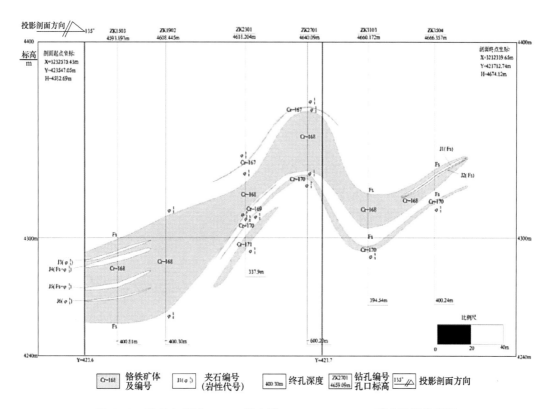

图 6.12　香卡山矿区 15 – 35 勘查线 Cr – 168、Cr – 170 等矿体纵投影图

（据张华平等，2015）

6.9　找矿思路的转变

我们的铬铁矿专业勘查队伍从最初于20世纪50年代，开始在内蒙古承担贺根山 – 赫白区超基性岩体、索伦山超基性岩体、阿布格 – 乌珠尔超基性岩体、乌斯

尼黑岩体中开展超基性岩体含矿性评价，对贺根山的 3756、41、820 等矿床，索伦山的土克木、察汗奴鲁、察汗胡勒等矿床以及乌珠尔的 209、207 等矿进行勘查。

20 世纪 50 年代后期至 60 年代，又在新疆西准噶尔的达拉布特超基性岩带的萨尔托海等岩体以及东准噶尔开展铬铁矿找矿会战。尤其是对萨尔托海岩体的东段和唐巴勒岩体进行了找矿勘查。在萨尔托海，块状铬铁矿体主要赋存在斜辉辉橄岩中，中等浸染状矿体则与纯橄岩关系密切。

20 世纪 60 年代后期，在西藏两个巨型的雅鲁藏布江岩带和班公错 – 怒江岩带开展勘查工作。相继对藏北东巧、依拉山、切里湖、东风、江错等岩体，藏南罗布莎、日喀则、泽当等岩体进行找矿勘查。这个队伍前仆后继，风风雨雨延续到了今天，在找矿思路上也有了很大的转变。

6.9.1 "岩相控矿"的铬铁矿找矿思路

我国铬铁矿找矿勘查始于 20 世纪 50 年代，最早的是 1950 年提交的吉林开山屯附近铬铁矿调查报告，随后有小松山等。在这之前，一些日本人曾为掠夺我国的矿产资源，在东北地区作过一些铬铁矿找矿工作。作为国家的找矿项目，则始于内蒙古二连 – 贺根山蛇绿混杂岩带和索伦山 – 西拉木伦结合带的铬铁矿找矿勘查工作，投入的人力、物力、财力都很大。

铬铁矿勘查初始，我国对铬铁矿勘查没有经验，只是依据传统矿床成因分类将其成因归属岩浆矿床中的分凝式矿床和贯入式矿床，以及国外一些超基性岩体中的铬铁矿体与纯橄岩相伴的特点，在找矿中突出岩相找矿，野外工作强调岩相分带、纯橄岩的分布和多少，以此评价岩体的含矿性。甚至将岩体中的纯橄岩体编号逐个进行评价，针对纯橄岩体施工平硐找矿等。为了寻找纯橄岩还从岩体的形态入手，确定岩体是岩盆还是岩盘。"岩相成矿"在找矿勘查中成了主流指导思路。多数工程用于了解和控制岩体形态产状、圈连纯橄岩体，并选择规模较大的纯橄岩体，部署工程寻找铬铁矿体。

在内蒙古的贺根山、索伦山等超基性岩体的铬铁矿找矿勘查中，专门针对大小不等的纯橄岩体进行了详细的编号并开展找矿，个数已经达到 1000 余个，足见"岩相控矿"之影响力，但结果并不理想。对贺根山的 3756、41、820 等矿床，索伦山的土克木、察汗奴鲁、察汗胡勒等矿床以及乌珠尔的 209、207 等矿，投入的钻探工作量超过 100 万 m，可整个内蒙古自治区范围内，探获主要赋存在纯橄岩中的铬铁矿矿石资源量只有 200 万 t 左右，且矿石质量不高。而其他岩相范围内的含矿性如何，无法评价。

新疆东、西准噶尔的超基性岩体，尤其是西准噶尔的达拉布特等岩带等特征，与内蒙古的上述岩带差别较大，最主要的是前者的岩体中纯橄岩所占比重要小得多。从矿体与纯橄岩的密切关系来看，真正产自纯橄岩中，特别是纯橄岩岩相带中的特别少见。曾经在唐巴勒岩体中规模较大的纯橄岩内布置坑探工程找矿，施工结果却是否定的。汲取内蒙古找矿的经验教训结合阿尔卑斯蛇绿岩型成矿特点，在铬矿会战指挥部的指导下，虽然仍秉承"岩相控矿"的指导思想，但在具体实施中，已经结合新疆诸岩体的具体特征，作了一些调整，将构造因素也纳入部署工程的原则中。

6.9.2　"构造控矿"的铬铁矿找矿思路

半个多世纪的铬铁矿找矿勘查，在多个矿区都显现了构造控矿的因素，一些矿体受构造控制的现象比比皆是。在西藏东巧、罗布莎、依拉山等诸矿区的铬铁矿找矿勘查中，工程部署的原则逐渐更多地考虑了构造因素，找矿效果也有了显现。如矿体多成群出现、分段集中，在平面上多呈平行雁行状排列，剖面上呈迭瓦状分段集中。在剖面上，矿带的倾向、倾角同岩相带的倾向、倾角相一致。但这些矿群、矿段间是什么关系？不能只是捡了芝麻而不顾西瓜！由此，广泛收集资料，不断探索矿段、矿群相互间的关系，发现了各矿群、矿段，甚至矿体间的岩相、构造、脉岩、矿体以及矿物等，都有许多共性特征，多因素控矿的特征越来越明显，找矿效果得以突显。随着罗布莎矿区找矿勘查的推进，我们总结归纳出了中央含矿构造岩相带控矿的特征。

6.9.3　中央含矿构造岩相带控矿

含铬超基性岩体中，通常可见到在岩体中部及与围岩接触带内侧，构成三个铬铁矿带。其中以中部矿带赋存铬铁矿体较多、规模较大；矿带赋存在纯橄岩岩相带和含纯橄岩的斜辉辉橄岩岩相带接触带附近的斜辉辉橄岩岩相带一侧，断裂构造、各类岩脉发育。在罗布莎超基性岩体的矿区内，将其称作"中央含矿构造岩相带"。在东巧西、丁青西、新疆萨尔托海等岩体也有，有的矿区称作"中部含矿带"。中央含矿构造岩相带的特征与两侧边部的矿带，在诸多方面有着明显的区别，详见以下叙述。因此，注重超基性岩体中部的找矿工作十分必要。此次以罗布莎岩体的中央含矿构造岩相带为主，结合其他矿区，阐述含矿构造岩相带的特征。

之所以岩体中部的含矿构造岩相带是豆荚状铬铁矿类型找矿的主要部位，是因为赋存豆荚状铬铁矿的地幔橄榄岩，从下地幔上冲时，地幔橄榄岩的中部呈塑性形变状态，是应力相对集中的地段，不同性质的构造面非常发育，也是各种物质交换、穿插的最佳地段，为铬铁矿体的赋存赋予了良好的条件，岩体边缘部分则没有这么好的成矿条件。通常情况下，含矿构造岩相带的规模与岩体规模直接相关。可见，找矿必须从整个岩体入手，不了解岩体边界条件，不了解岩相带的展布特点，不了解岩体及其内部的构造构架，是无法开展铬铁矿的找矿工作的。

6.10　中央含矿构造岩相带特征

中央含矿构造岩相带的特征可归纳为：在空间上，中央含矿构造岩相带沿岩体长轴方向展布，位于纯橄岩岩相带（φ_1）和斜辉辉橄岩夹纯橄岩岩相带（$\varphi_2 + \varphi_1$）接触带的斜辉辉橄岩岩相带一侧靠近纯橄岩岩相带的部位。总体产状与岩体一致，且随岩体、岩相带的变化而变化。岩石岩相特征表现为斜辉辉橄岩和纯橄岩多呈厚薄不一的频繁交替出现，距矿越近交替越频。而其上下的纯橄岩岩相带和斜辉辉橄岩岩相带，则多为厚大纯净的单一岩性出现，构造形迹相对少些。岩石中见有呈树枝状的铬尖晶石和翠绿色的透辉石。近矿围岩的 M/F 高，造矿铬尖晶石的 MgO/<FeO> 及 Cr_2O_3/Al_2O_3 明显高于附生铬尖晶石，且分布相对集中。这个带内，同时出现较多规模不大的构造破碎带和片理化带以及规模不大的辉长辉绿岩脉。近矿处蛇纹石化、绿泥石化等较强。矿体在其中成带分布、成群出现、分段集中，平面上多呈雁行状排列，剖面上则呈叠瓦状分布且具侧伏特征。矿体围岩以斜辉辉橄岩为主，占2/3以上，次为纯橄岩，多断层接触。地球物理特征表现为高磁低重力。

6.10.1　含矿构造岩相带的空间展布特征

罗布莎超基性岩体中有北、中、南三个矿带。主要的矿体都相对集中分布在位于岩体中部，距纯橄岩岩相带与含纯橄岩的斜辉辉橄岩岩相带上界面 0.2 ～

0.6km 范围内，由斜辉辉橄岩、纯橄岩、铬铁矿体、辉长 – 辉绿岩脉以及构造破碎带、片理化带等组成，称作中央含矿构造岩相带（图6.13）。中央含矿构造岩相带和岩相带界面耦合的内在规律，还有待进一步探讨。

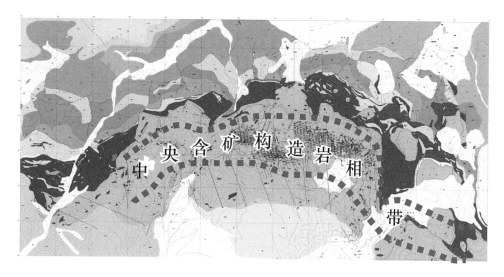

图6.13 罗布莎矿区中央含矿构造岩相带展布示意图

中央含矿构造岩相带的空间展布形态、产状常常受到岩体形态产状的制约。在纵向上，沿走向从罗布莎铬铁矿区最西端的Ⅳ矿群开始，随着岩体的反“S”形转弯，经过Ⅶ、Ⅲ、Ⅱ、Ⅰ、Ⅴ、Ⅵ矿群，进入香卡山矿区的ⅩⅤ、Ⅻ、ⅩⅣ、ⅩⅢ、ⅩⅥ矿群以及Ⅷ、Ⅸ、Ⅹ矿群，直到康金拉矿区的Cr – 11矿体以东，纵贯岩体的主要地段。矿带延伸长达10余千米，走向上稳定，连续性较好。

在横向上，在岩体宽大处，矿群中矿体的展布范围也增宽，矿体的数量相对较多，反之亦然。如Ⅱ矿群，位于岩体最宽的部位，矿群中矿体的展布也很宽，其中分出了Cr – 28、Cr – 31两个矿段，总宽度在450m以上。剖面上还可见中央含矿构造岩相带的产状，随岩体产状的陡缓而变化，以Ⅱ矿群为例，Cr – 28矿体等靠近岩体北界，产状较陡。而Cr – 31矿体距北界较远，矿体倾角较Cr – 28矿体中等变缓，物探资料推断该地段岩体底界变缓。Ⅲ矿群的地表矿体较缓与岩体底界产状也有密切关系。

在垂向上，罗布莎超基性岩体内地表出露最高的矿体——康金拉Cr – 11，出露标高为5400m，目前已控制的Ⅱ矿群Cr – 116，埋深最低标高为3900m。二者高差达1500m。各矿群剖面钻孔控制的范围内，含矿构造岩相带尚无明显尖灭的趋势。结合罗布莎矿区矿体产出的特征，Ⅰ、Ⅱ矿群的矿体向两矿群的结合部侧伏，Ⅶ矿群的 Cr-57 矿体向其南东方向侧伏，可以推断在矿区内的Ⅰ、Ⅱ矿群之间，Ⅶ矿群的东南方向，岩体埋深相对较大。其他矿群由于工作程度不够，尚难推断。

依拉山铬铁矿区有类似的特征。主要矿体也分布在纯橄岩岩相带和斜辉辉橄岩夹纯橄岩岩相带接触带的附近。纯橄岩与斜辉辉橄岩常呈薄层状交替出现。

新疆萨尔托海岩体的含铬铁矿、纯橄岩的偏基性岩岩相带，在岩体内展布较为特殊。尽管它们与其他岩相没有明显界线，但从其分布上又与一定构造位置相吻合，与岩体原生破碎带的位置一致。在空间上，位于岩体中轴偏北的部位。

新疆鲸鱼铬铁矿区的矿体，位于近岩体中部偏北的两个岩相带交接处。在构造上位于岩体中央原生、次生破碎带内，矿化发育地段，岩性更迭频繁。矿体全部位于中央矿带。

6.10.2 岩石组合和岩石化学特征

中央含矿构造岩相带中的超基性岩，主要是斜辉辉橄岩和纯橄岩，还有少量的含单辉斜辉辉橄岩、二辉橄榄岩及蛇纹岩。它们的单层厚度一般不大，且越靠近矿体频繁交替的频率越高。

据岩石的 M/F 值，纯橄岩透镜体可以分为两种，其形成具有先后关系。一种的 M/F 值平均为 7.91，另一种 M/F 值平均为 11.05。二者相差明显，后者主要为近矿围岩，多呈"矿衣"状包裹或半包裹着铬铁矿体，其厚度在几厘米到 1~2m 不等，但矿区内没有一个矿体全部被纯橄岩薄壳包裹。

斜辉辉橄岩的风化面褐黄色，新鲜面灰绿色、暗黄绿色。矿物成分主要由橄榄石 70%~80%、斜方辉石 10%~20%、单斜辉石 1%~5%、附生铬尖晶石 2%~3% 等组成。橄榄石以镁橄榄石为主；斜方辉石多为不规则粒状，普遍被橄榄石交代，具熔蚀边，粒径 0.5~5mm，以顽火辉石为主，也见斜方辉石交代斜方辉石，又被橄榄石交代的现象；单斜辉石一般较新鲜，翠绿色，粒径小于 0.5mm，为铬透辉石；铬尖晶石多为铝铬铁矿。岩石中的矿物普遍具有波状消光，强烈的变晶、碎裂结构，交代变晶结构普遍可见极不规则的橄榄石构成极复杂的海湾状边缘缝合线。岩石中的造岩矿物，常有重结晶现象。与含矿构造岩相带以外斜辉辉橄岩的另一差别，在于斜方辉石的含量要少一些。常见辉长-辉绿岩脉穿插。

附生铬尖晶石有两种，一种呈自形-半自形粒状包裹体分布在橄榄石颗粒中，粒径小于 0.5mm，多为橄榄石包体，量很少，透明度差，仅在强透射光下可见微弱的褐色或棕褐色；另一种为他形极不规则集合体状的树枝状、蠕虫状，详见矿物特征一节。

据统计，矿体的近矿围岩，斜辉辉橄岩占 69%，纯橄岩占 9%，有 3 处为辉长 – 辉绿岩，其余是与构造破碎带直接接触。构造破碎带的原岩无法恢复。

近矿围岩的蚀变，主要有蛇纹石化、绿泥石化、滑石化、黏土化，离矿越近蚀变越强。

铬铁矿近矿围岩的特征显示，斜辉辉橄岩是矿体的主要近矿围岩，以 Ⅱ 矿群最为显著。据 Ⅱ、Ⅰ、Ⅲ、Ⅶ 等 4 个矿群的 12 个主要矿体，钻孔穿矿的 290 处顶、底板统计为例，直接围岩为斜辉辉橄岩的有 201 处，占顶、底板总数的 69%。纯橄岩作为顶、底板的，有 25 处，占总数的 9%，没有一个矿体全部被纯橄岩包裹。规模较大的 Ⅱ 矿群 Cr – 31 矿体的顶、底板，斜辉辉橄岩占了 77.5%。

从岩石化学特征、矿物特征以及相互交代、熔蚀的特征看，中央含矿构造岩相带的形成过程，始终伴随着构造活动，反复地相互融合又分解，以至出现斜方辉石交代斜方辉石、橄榄石交代橄榄石等现象，且出现不同牌号的橄榄石、斜方辉石等。两种不同形态的附生铬尖晶石的出现，也说明了同一问题。

依拉山的 1976 年详查报告中指出："纯橄岩和斜辉辉橄岩常呈互相交替的薄层状出现，这在矿段中段 O 排到东 5 排勘探线范围内尤其明显。在这一地段集中了本矿群半数以上的矿体。"

新疆鲸鱼岩体，矿化发育地段岩性更迭频繁。萨尔托海矿区的矿带内岩石组合同样较为复杂，这里就不一一列举了。

罗布莎超基性岩体纯橄岩岩相带和斜辉辉橄岩夹纯橄岩岩相带不同岩石的岩石化学成分及特征值见表 6.6。

表 6.6 罗布莎超基性岩体各类型岩石化学成分表

岩相带	岩性	样数	岩石平均化学成分/%							M/F
			SiO_2	Al_2O_3	Cr_2O_3	Fe_2O_3	FeO	MgO	CaO	
φ_1	φ_1^1	4	37.65	0.92	1.63	1.60	5.20	42.18	0.34	11.40
$\varphi_2^1 + \varphi_1^1$	φ_1^1（异离体）	38	40.63	0.44	0.65	2.50	5.30	42.12	0.40	10.17
	φ_1^1（近矿）	8	41.35	0.51	0.71	3.14	4.10	39.95	0.25	10.39
	φ_2^1（近矿）	9	42.79	1.04	0.53	2.26	5.61	42.00	0.77	9.77
	φ_2^1	108	43.22	1.12	0.49	1.45	6.50	41.99	1.23	9.67

6.10.3 矿物特征

中央含矿构造岩相带中不同岩石的主要矿物有：橄榄石、斜方辉石、单斜辉石、铬尖晶石。前两种矿物从岩石化学的特征上能反映出不同特点。而单斜辉石、铬尖晶石的特征更为突出。树枝状铬尖晶石和翠绿色单斜辉石是含矿构造岩相带中的特征矿物。树枝状铬尖晶石，呈文象结构，多见于近矿的岩石中，淡褐、褐黄色，半透明状，分布在橄榄石和辉石的颗粒间，常交代斜方辉石和橄榄石，粒径一般为 0.5~1mm。接触处蚀变强烈，在一些地段几乎全蛇纹石化，有时可见铬尖晶石周围有一个很薄的绿泥石壳，为纤维鳞片变晶结构。翠绿色单斜辉石，系铬透辉石质异剥辉石，呈自形－半自形板状体见于斜方辉石、橄榄石粒间，粒径 0.1~3mm，粒度均匀，新鲜无蚀变，没有明显的应力反应，含量较高，但其分布不及树枝状、蠕虫状铬尖晶石普遍。

此外，矿体中还发现有铂族元素和金刚石，铂族元素的含量达到了可以综合利用的伴生组分指标。近矿围岩中还发现了铂族元素和金刚石。大量分析结果显示，铬铁矿矿体中的铂族元素和金刚石含量，明显高于其围岩。矿石中还挑出自然 Fe、金属互化物 Fe－Ni、Si－C 等 40 多种矿物。以及一些显示来自深地幔的高温高压矿物。

中国地质科学院地质所在中央含矿构造岩相带中的主要矿体 Ⅱ 矿群 Cr－31 矿体上，采集了一个人工重砂大样，经测试分析，发现了来自地幔深部的高温高压矿物——柯石英＋蓝晶石组合。再次证实罗布莎超基性岩体铬铁矿来自于地幔的更深部位。

6.10.4 构造特征

在中央含矿构造岩相带内构造特征的主要体现是构造破碎带、片理化带相对较多，一些矿体直接与构造破碎带接触（图6.14）。据上述 12 个主要矿体的 290 个顶、底板统计点统计，矿体与构造破碎带直接接触点有 61 处，占总数的 21%。许多揭露出的矿体，可以见到大量不同方向的擦痕面，这表明是尚未完全固结的矿体受不同方向应力作用的结果。构造形迹还表现在岩石的糜棱岩化、片理化以及强烈的褪色蚀变。有时中央含矿构造岩相带的部分地段还可见到强烈的构造和蚀变造成的无数个大小不等的菱形块状蛇纹岩透镜体，难以恢复原岩。

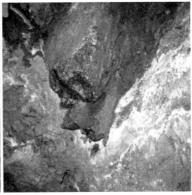

矿体底板与围岩的构造接触关系　　　　铬铁矿体与纯橄岩呈构造接触

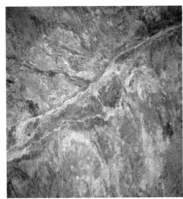

呈在构造破碎带中的枝杈状矿体　　　　纯橄岩中矿体错动特征

图 6.14　铬铁矿体与不同围岩的不同构造接触关系

中央含矿构造岩相带内的矿带、矿群、矿段、矿体的展布形式呈斜列、雁行状、叠瓦状排列，具有矿体沿着构造格架贯入的特点。

岩石普遍具有花岗变晶结构、交代结构和应力作用下的重结晶现象。在含矿构造岩相带中，这种不等粒变晶和交代蚕蚀的特征就更明显，尤其是在矿体与围岩的直接接触处。

一些岩石的节理裂隙被矿体充填，细小的矿条被微距离的错开，矿体中的众多不同方向的擦痕面却仍固结在一起，矿体与近矿围岩构造接触且有明显的位移，以致矿体呈角砾状存在于构造破碎带中，所有这些体现了成岩成矿中的黏性变形、塑形变形、脆性形变的过程，反映了构造活动伴随超基性岩铬铁矿成岩成矿的全过程，具有明显的阶段性和多期性。

新疆萨尔托海铬铁矿区的资料表明，萨尔托海矿区同样存在上述情况。

6.10.5 矿体展布特征

第一，铬铁矿体在中央含矿构造岩相带中的展布，都显示了成带分布、成群出现、分段集中的特点。与我国其他蛇绿岩型豆荚状铬铁矿床的矿体展布特征是一致的。

宏观上，从罗布莎－香卡山－刹神（香卡山的东段）－康金拉矿区，基本上是等间距分布，如图6.15。

现已控制的矿体分布标高为3780～5455m。从矿区内部看，以罗布莎铬铁矿区为例，成带分布：从西到东，在地表依次展布着Ⅳ、Ⅶ、Ⅲ、Ⅱ、Ⅰ、Ⅴ、Ⅵ矿群（图6.16），这些矿群在岩体中部构成一个宽窄不一、与岩体北界走向总体一致的带，只是Ⅰ矿群的中央含矿构造岩相带底界，较其他矿群距离斜辉辉橄岩夹纯橄岩岩相带与纯橄岩岩相带的界面更近一些。而罗布莎岩体中部的香卡山矿区，其中央含矿构造岩相带的位置，明显偏向南西，直到刹神及康金拉矿区，才又恢复到靠近斜辉辉橄岩夹纯橄岩岩相带的底界附近。

在纵向上，矿体出露最高的标高是在康金拉矿区近5400m处，钻孔证实最低标高是在Ⅱ矿群的海拔近3700m处。在横向上，钻探证实，矿体向下有延伸，主要矿体倾斜延深已达300m以上，而中央含矿构造岩相带组合的延深，在Ⅱ矿群的800m深孔中可见，尚没有尖灭。

成群出现：体现矿体在中央含矿构造岩相带内，由规模大小不一、形态各异、产状不一的单个矿体，相对集中成几个"矿团"（图6.17），沿着岩体中轴偏北的位置，断续分布，矿群连成矿带。随着工程控制的范围扩大和密度加大，深部矿体的范围有所扩大，如Ⅱ、Ⅰ矿群间，新发现矿体使矿群逐渐靠拢，Ⅱ矿群的Cr－28矿体与Cr－31矿体间，也发现了新的"层位"，为找矿提供了新的方向。

分段集中：一个矿群中的矿体，其展布的密度也不均匀，这种状况形成了分段集中的特点。如Ⅱ矿群的Cr－28矿体地段与Cr－31矿体地段，就是分段集中的体现，危机矿山接替资源找矿中，在二者间及Cr－31矿体地段的东南侧又发现了新的"层位"，也是一个新的地段。其他矿群都有类似的现象。

第二，在平面上呈雁行状，在剖面上呈叠瓦状，矿体的长轴往往是矿体的侧伏方向，这是深部找矿的主要方向。这种现象最为普遍，在各主要铬铁矿区内都能见到，这里就不详细叙述了。萨尔托海铬铁矿区、东巧西、依拉山等矿区，矿体均成带分布、成群出现、分段集中。最为突出的是罗布莎矿区，尤其是Ⅱ矿群。

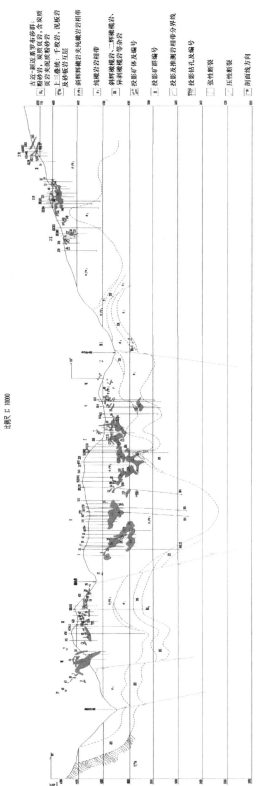

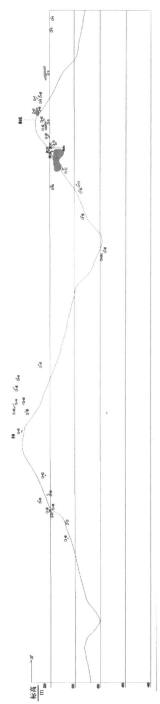

图6.15 罗布莎-康金拉矿区铬铁矿矿体纵投影示意图

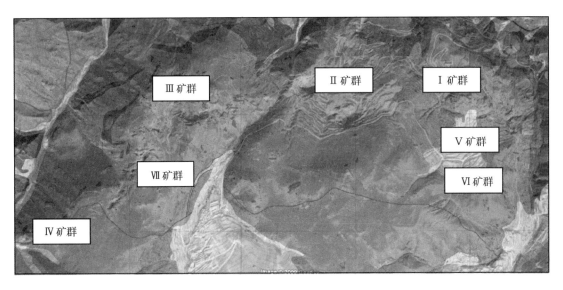

图6.16 罗布莎铬铁矿区矿群分布图

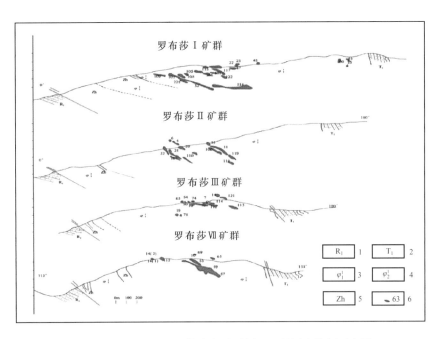

图6.17 罗布莎矿区矿体在各矿群剖面上的展布特征示意图

1—罗布莎群；2—三叠系；3—纯橄岩；4—斜辉辉橄岩；5—杂岩；6—铬铁矿体及编号

第三，诸矿群浅部的矿体数量多、规模小，而向深部呈现矿体的数量少、规模大，有利于开展深部找矿。直观和统计表明，罗布莎岩体开展勘查工作的初期，地表有许多呈毛、条、块、带状产出的铬铁矿体，其规模一般都不大，小者如拳头，大者数十吨至上万吨，当时被民工采出有序堆积的有约20000多吨，Ⅱ矿群的Cr-4、Cr-6矿体即属此类，单个矿体只有数百吨的规模，诸如此类的矿体Ⅲ、Ⅰ、Ⅶ等矿群都能看到。从剖面上看，Ⅱ矿群Cr-31矿体地段的地表矿体的规模较Cr-28矿体地段大许多，矿体的数量则少得多，而Cr-31矿体南东侧伏方向深部ZKWT02所见矿体的厚度是目前矿区内最厚的，又如Ⅶ矿群深部的Cr-57矿体，其规模和探获的资源量都是浅部矿体无法比拟的。

由此可见，蛇绿岩型豆荚状铬铁矿矿体展布的一个重要特点是：由浅部向深部，铬铁矿体的数量有由多变少，而规模则是有由小变大的趋势。这对我们开展铬铁矿勘查意义重大，说明深部找矿潜力很大，找大矿还必须开展深部找矿。因此，要改变以往的不全面认识，不能因为在野外找矿工作中只发现地表仅有一些零星小矿体，就简单评价为找矿前景不大而随意放弃。一定要具体情况具体分析，把握好找矿的机遇。

6.10.6 脉岩及其分布特征

脉岩在矿区分布较广，相对集中在中央含矿构造岩相带中，是含矿构造岩相带的重要标志之一。含矿带以外也有分布，但规模都比较小。脉岩的岩性主要是辉长岩、辉绿岩、辉长辉绿岩以及煌绿岩等，其成分十分相近。其他岩脉主要分布在斜辉辉橄岩岩相带中，一般规模不大，长数米至数十米，宽十余厘米至数米。规模最大的要数Ⅱ群Cr-31矿体南部的辉长辉绿岩脉，呈斜列状产出。主要矿物为单斜辉石和基性斜长石，与围岩接触处常见厚度不大的蚀变边，且蛇纹石化强烈。在Ⅰ矿群Tc29、Ⅱ矿群ZK40、ZK140等一些工程中，可见其切穿铬铁矿体的现象。

西藏和其他省区的主要铬铁矿区的矿带中均有数量不等、规模不一的辉长-辉绿岩脉沿构造、裂隙分布的重要特征。

6.10.7 物探特征

超基性岩体的含矿构造岩相带，为矿群、矿体分布密集区，其物探异常特征表现为一条近于平行岩体走向的高磁低重力带，在西藏罗布莎岩体表现为一片强度不高、正负相间的杂乱磁异常和较低缓的重力异常背景，矿群中的断层、破碎带、蚀变带和一些脉岩对重磁场的影响造成了异常的互相叠加。这种杂乱磁场和低缓重力场区与矿群矿体分布范围有较好的吻合性。

罗布莎铬铁矿区的矿体，主要产于岩体中部斜辉橄榄岩夹纯橄岩岩相带中的含矿构造岩相带中，该带的展布决定了矿体的产状。总体上，含矿构造岩相带与岩体走向大体平行，而矿体产状同时还受岩体内构造的影响。在岩体的边部还有南北两个断续分布的"矿带"，其间矿体零星分布，倾角较大，多为50°~70°。部分矿体产于纯橄岩岩相带内，这类矿体规模不大，质量明显不如前述矿体。但也有Ⅴ矿群的Cr-116矿体，为规模较大的稀疏浸染状矿体。在罗布莎岩体内，堆晶杂岩相的片理化蛇纹岩（混杂的斜辉橄榄岩块体）内也见有零星矿体产出，规模都很小。

6.11　蛇绿岩型豆荚状铬铁矿的成矿规律

第一，成矿专属性强，M/F比值大于8，有利于找矿。成矿专属性是一些矿种的重要特征，不尊重成矿专属性的找矿必将以失败而告终。铬铁矿是个成矿专属性很强的矿种。大量的统计资料表明，我国蛇绿岩型豆荚状铬铁矿的M/F值通常以大于8者为好。

罗布莎岩体中央含矿构造岩相带所在的斜辉橄榄岩夹纯橄岩岩相带中斜辉辉橄岩的M/F为9.64，其中的纯橄岩为10.76。纯橄岩岩相带的M/F为11.55。罗布莎矿区堆晶岩（ZH）中的不同类型超基性岩的M/F值在5.47~7.32之间。表明地幔橄榄岩属镁质超基性岩，而堆晶杂岩为铁质超基性岩。其他矿区不同岩性的M/F值如下。

东巧西矿区纯橄岩的M/F值为10.89，斜辉辉橄岩的M/F值为10.78，斜辉橄榄岩的M/F值为9.7。

依拉山矿区纯橄岩的M/F值为10.7，斜辉辉橄岩的M/F值为12.4~9.2。

新疆萨尔托海岩石为8.52~10.93，属镁质超基性岩。

内蒙古贺根山的含矿纯橄岩的M/F值为10.11，纯橄岩的M/F值为9.91，含长石纯橄岩的M/F值为8.3。

甘肃大道尔吉Ⅰ、Ⅲ、Ⅴ纯橄岩带的M/F值分别为9.02、6.7、6.96。

以上诸岩体的M/F值不一，反映了岩体类型的不同，其赋存的铬铁矿矿石类型及质量乃至矿体的规模都有明显的差别。

第二，不同岩石组合的岩体，其蕴藏的铬铁矿资源在数量和质量上差异明显。以西藏罗布莎、东巧西、新疆萨尔托海等铬铁矿区为一组；西藏依拉山、新疆洪古勒楞铬铁矿区为另一组。两组地幔橄榄岩的差别不大，都有纯橄岩、斜辉辉橄岩、斜辉橄榄岩及少量二辉橄榄岩等，但在堆晶岩的成分上，差别则很明显。前者出现辉石岩和辉长岩，后者则以出现橄长岩为其特征。从目前找矿的实践来看，前者探获的资源储量明显多于后者，且矿石质量同样好于后者。

第三，矿体产出特征，受到多期次构造的控制和制约。"成带分布、成群出现、分段集中"以及"矿体在平面上呈雁行状展布，剖面上呈叠瓦状排列"，分支复合、尖灭再现、具侧伏特征等，本身就是构造作用的反映。一些并无明显碎裂的坚硬块状矿石，常常可见大量不同方向的擦痕、微型错动构造等，充分反映了矿体形成、固结过程中的环境是动荡的。成矿后构造的影响也是很强烈的，尤其是有相当数量的矿体与围岩呈断层接触；有的有构造形迹，有错动、挤压形迹，有的则错动明显却看不到挤压形迹。

上述各种与铬铁矿体形影不离的构造形迹，被包容在一个更大的构造系统内，这就是中央含矿构造岩相带。在这个带内出现的斜辉辉橄岩、纯橄岩及其他岩性岩石的频繁交替、构造破碎带、片理化带、辉长辉绿岩脉等，都是在特定环境中构造作用的结果。因此，找矿一定要着眼整个岩体，在岩体内找出含矿构造岩相带的分布范围，再在其中寻找有利成矿的构造。可以说，中央含矿构造岩相带就是蛇绿岩型豆荚状铬铁矿的找矿标志。

第四，矿体主要产在中央含矿构造岩相带内。罗布莎岩体中的 3 个矿区，都有规模大、纯净的纯橄岩岩相带，其中只有稀疏浸染状的铬铁矿矿体，矿石质量不高。主要矿体都产在含纯橄岩的斜辉辉橄岩岩相带中，且紧邻矿体地段，岩性变化很大，纯橄岩异离体、纯橄岩脉体、薄壳状纯橄岩、斜辉辉橄岩和脉岩等，频繁交替出现。上述三种纯橄岩，据岩石化学分析结果看，是多期次的产物。主要矿带、矿群和规模大、致密块状、质量较好的铬铁矿体与含纯橄岩（包括异离体、脉体、薄壳）的斜辉辉橄岩岩相带密切相关；单纯的纯橄岩岩相带与稀疏—中等浸染的铬铁矿关系密切；而从近矿围岩来看，以斜辉辉橄岩、纯橄岩为主，还有含单辉斜辉辉橄岩、二辉橄榄岩，甚至出现辉长 - 辉绿岩等，其中有一半以上是斜辉辉橄岩作为矿体的直接围岩。区内较大的铬铁矿体，罗布莎 Ⅱ 矿群 Cr - 31 矿体的顶、底板直接围岩，斜辉辉橄岩占了 77.5%。

第五，矿体有向深部逐渐增大的趋势。罗布莎铬铁矿区有 7 个矿群，其中又以Ⅱ、Ⅶ矿群工作程度最高，Ⅰ矿群次之。Ⅱ矿群浅部 Cr-28 地段的矿体数量有大小数十个，参与资源量估算的有 21 个矿体，绝大多数矿体的长度在 5~67m 之间，倾斜延深小于 20m，厚度在 0.1~6m 之间，其中最大的 Cr-28 已肢解为两个矿体。而在 Cr-31 矿体地段，矿体数量少，规模相对较大，一般长度大于 100m，主要矿体倾斜延深大于 100m；探获的资源储量后者远大于前者，Cr-31 一个矿体探获的资源量相当于 Cr-28 矿体地段大多数矿体探获资源量的总和。2013 年，在 Cr-31 矿体南东侧伏方向，Ⅰ、Ⅱ矿群之间的 ZK WT02，见到了累计厚度达 40 余米的 Cr-80 矿体，其规模超过了 Cr-31 矿体。Ⅶ矿群深部的 Cr-57 矿体，规模、资源量远大于浅部诸矿体的总和。香卡山矿区 150m 以浅的矿体，绝大多数是小矿体，而在深部 300m 处，找到了资源量达百万吨的 Cr-168 矿体。由此可见，向诸矿群侧伏方向的深部继续找矿的前景是宏大的。

第六，造矿与附生铬尖晶石对比显示前者铬高，类型较少。铬尖晶石是超基性岩中常见的副矿物及重要的矿石矿物，不同成因的超基性岩都含有铬尖晶石，但它们的化学成分系列及演化趋势有明显的差异。对比研究造矿和附生铬尖晶石的特征，对研究铬铁矿的成矿背景和成矿机制，进而指导找矿有重要的现实意义。罗布莎岩体造矿铬尖晶石与附生铬尖晶石的成分对比见图 6.18。前者铬高、镁高，相对集中，铬尖晶石类型较为单一，后者则相反。

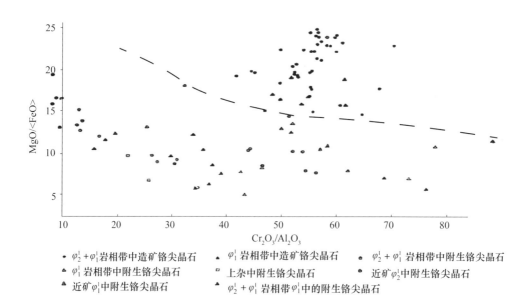

图 6.18 罗布莎造矿铬尖晶石与附生铬尖晶石 MgO/<FeO> 与 Cr_2O_3/Al_2O_3 的关系

6.12 矿产勘查中存在主要问题

第一，专业人员奇缺，加强培训是当务之急。在近 10 年的矿产勘查中，专业人员短缺问题始终没能缓解反而越来越严重。其后果是直接影响到找矿效果。如一开始在Ⅲ矿群，后来在Ⅷ、Ⅸ、Ⅹ矿群的钻探施工找矿，由于专业水平不高，综合分析研究能力不到位，不会对已有资料作全面的分析，凭感觉布工程。致使找矿效果很不好。当务之急是尽快加强专业技术人员的培训，提高专业素质。

第二，勘查工作原则执行不严。近几年，陆续发现了几个较大的矿体，本应由稀到密部署施工钻孔（工程间距为 80m，必要时为 40m），实际操作中，专业队伍和矿山都怕打不着矿，致使见矿后直接施工 40m 间距的钻孔。在时间上延迟了整体评价，且施工了一些不必要的钻孔；靶区选择依据欠充分，随意性较大。

第三，加强日常综合研究，提高质量和效果。综合研究是矿产勘查的生命，是贯彻节约集约方针的重要手段。在 20 世纪的矿产勘查工作中，重视、加强综合研究取得了很好的效果。近些年来，由于专业人员短缺，工作量大，兼之不少野外勘查项目的综合研究由项目办交由科研院校承担，致使项目组放松了野外资料的综合研究工作，造成工程部署上的盲目性、主观性，使一些工程无法取得预期效果。

7 铬铁矿找矿工作建议

7.1 选区研究的原则

根据目前所掌握的资料分析研究，可将我国新一轮铬铁矿找矿工作分为战略性布局和具体找矿靶区（战役性）选择两个层次。

7.1.1 战略性布局的原则

第一，从我国蛇绿岩带的分布面积上着眼。我国的蛇绿岩带主要分布在我国中西部的新疆、内蒙古、青海、甘肃、陕西、西藏、四川等省、自治区。尤以西藏境内的为最大。分布比较集中的省、自治区有 3 个，西藏超基性岩体的分布面积超过 5000km²，超过 100km² 的岩体有 13 个以上；新疆超基性岩体的分布面积大于 800km²，面积大于 10km² 的岩体有 10 个；内蒙古超基性岩体分布面积近 700km²，由于第四系广布，其实际分布面积要大许多。单个岩体大于 40km² 的有 6 个，最大的有 150km²。其他省（市、自治区）内超基性岩体的分布面积都很小。

第二，蛇绿岩带的规模相差很大。西藏蛇绿岩带分布在雅鲁藏布江和班公错－怒江两个巨型缝合带上，前者是世界级阿尔卑斯巨型成矿带的组成部分，该带上有多个世界著名的铬铁矿矿床，后者的延展也在上千千米以上。新疆蛇绿岩带数量多规模小，围绕塔里木、准噶尔地块及其他地区分布。内蒙古蛇绿岩带，主要分布在北部的贺根山－索伦山岩带上，规模比较大。

第三，从铬铁矿的成矿地质条件勘查成果和勘查投入对比上入手。西藏铬铁矿勘查起步较晚，是从 1965 年开始，半个多世纪以来，全区投入铬铁矿勘查的钻探工作量约 20 万 m（截至 2013 年底），提交有一定规模铬铁矿资源储量的矿区有罗布莎、东巧西、依拉山三个岩体，其中罗布莎岩体投入钻探工作量近 20 万 m，探获铬铁矿 333 及以上资源量 700 余万吨（截至 2013 年底）。矿石质量为世界之最，Cr_2O_3 达 50% 以上，$Cr_2O_3/<FeO>$ 可达 4 以上。成矿地质条件良好，具体找矿空间——含矿构造岩相带的规律，矿体产出特征已经基本掌握，在新近的找矿工作中取得可喜的成果，未来的找矿空间很大。近来在藏南岩带上的调查评价工作也有实质性进展。西藏矿业公司和西藏山南江南矿业公司的矿山已经生产了 20 余年，现在矿山利用自筹资金进行勘查中。

新疆铬铁矿勘查始于 20 世纪 50 年代末，主要在西准噶尔和东准噶尔进行，后者在铬矿会战中未提交铬铁矿资源储量。西准噶尔投入数十万米钻探工作量，探获一定规模资源储量的有鲸鱼和萨尔托海两个岩体。萨尔托海投入钻探数十万米，探获资源储量 200 余万吨，矿石质量中等，Cr_2O_3 平均在 36% 左右，$Cr_2O_3/<FeO>$ 可达 3 以上。成矿地质条件较好，岩体的南西部分工作程度很低，找矿空间仍然较大。鲸鱼岩体早在 20 世纪 90 年代已经闭坑，萨尔托海迄今仍在开采，矿山亦开始自筹资金投入铬铁矿勘查。

内蒙古铬铁矿勘查始于 20 世纪 50 年代，是我国铬铁矿勘查起步最早的省区，已投入钻探数十万米，是投入钻探工作量最多的自治区，探获铬铁矿资源储量 200 余万吨，但矿石质量不高，Cr_2O_3 平均品位在 20% 左右，$Cr_2O_3/<FeO>$ 在 2.50 左右。勘查和开发已停止数十年。

7.1.2　具体找矿靶区（战役性）选择的原则

第一，以我国主要的蛇绿岩型超基性岩铬铁矿床为战略选区的主要类型，据铬铁矿的成矿专属性，优选 M/F 值大于 8 的岩体。经过 20 世纪 60 年代对我国铬铁矿开展的全覆盖普查找矿以及其后的找矿工作证实，我国铬铁矿的矿床类型以豆荚状为主，它与蛇绿岩套有密切的成因联系。尤以西藏的雅鲁藏布江岩带（藏南岩带）和班公错 – 怒江岩带（藏北岩带）最为突出。在藏南岩带已查明资源储量占全国查明铬铁矿资源储量的一半，在藏北岩带已查明铬铁矿资源储量接近 100 万 t。新疆、内蒙古等几个查明资源储量超过 100 万 t 者都是蛇绿岩型豆荚状铬铁矿床，赋存铬铁矿体的超基性岩，其 M/F 的平均值都大于 8。因此，以这一条作为铬铁矿找矿战略性选区的第一条原则，是一条重要的一票否决条款。

第二，超基性岩体具有一定的规模，岩相分带较为清晰，岩石组合和岩石化学特征对成矿有利。西藏已探获有一定规模铬铁矿资源储量的岩体，岩体规模既不是最大，也不是最小，属于中等偏下。岩相分带清晰，尤以罗布莎超基性岩体的岩相分带最为清晰。豆荚状铬铁矿在岩石组合上有两种，一种是在堆晶岩中出现有辉石岩类，岩体由地幔橄榄岩和辉石岩、辉长岩等组成，纯橄岩、辉橄岩中明显含有单斜辉石。如罗布莎岩体，此种岩石组合的铬铁矿含矿性好，矿石质量高，主要为冶金级矿石，探获的资源量较多。另一种是在堆晶岩中出现有橄长岩类，岩体由地幔橄榄岩和含有斜长石的橄榄辉长岩等组成，新疆洪古勒楞岩体、内蒙古贺根山属此列，含斜长石是其特征。两种不同类型的岩石组合，其含矿性前者明显好于后者。选区时以前者为主，是战略选区的重要原则。

第三，含矿构造岩相带的构造、岩相特征明显，具有我国已知主要矿床成矿的共性特征。在罗布莎超基性岩体的铬铁矿矿区勘查中，归纳出中央含矿构造岩相带的主要特征，这些特征在指导找矿中起到了积极的作用。在西藏依拉山矿区、新疆的鲸鱼、萨尔托海铬铁矿区以及内蒙古贺根山 3756 矿区，同样具有中央矿带。依拉山矿区的 1 矿群是主要矿群，其纯橄岩和斜辉辉橄岩常呈薄层状交替出现，半数以上的矿体集中在这里；矿群的分布明显受到一些构造的制约，是岩体内主要的矿带，一些铬铁矿体被薄壳状纯橄岩或"鸡蛋壳"（绿泥石化的纯橄岩）包裹或半包裹，构造破碎带、片理化带发育。上述铬铁矿主要矿床都具有铬铁矿体成带分布、成群出现、分段集中的特点，在平面上具雁行状排列，在剖面上呈叠瓦状展布，矿体往往具有侧伏且延伸较大。依据这些规律所开展的找矿勘查工作都取得了可喜的成果。因此，对开展过预查、普查工作或投入了一定工作量的超基性岩体，有无上述综合特征，也是找矿战略选区的重要原则，在选区中应充分考虑这一特点。

第四，找矿潜力大，具有找到大中型规模的铬铁矿矿床的可能性；对于再评价的已知矿区具有进一步找矿的空间。在近年开展的矿产资源潜力评价项目中，一些铬铁矿相对较多的省区，如西藏、新疆、内蒙古等，都对铬铁矿开展了资源潜力评价。结果表明，在这些省区，铬铁矿的资源潜力还较大，以西藏的潜力最为可观，仅罗布莎超基性岩体的资源潜力就达 1000 万 t 以上，其他一些岩体也有达 100 万 t 以上的（这里需要说明，由于铬铁矿勘查已经中断多年，相当多的潜力评价项目成员，对铬铁矿的成矿地质背景等不熟悉，其评价的成果有一定的局限性），为开展铬铁矿找矿战略选区提供了依据。从罗布莎铬铁矿危矿矿山接替资源找矿的实践来看，依据总结出的找矿标志，在勘查范围上和深度上扩大找矿空间都能取得可喜成果。罗布莎矿区Ⅱ矿群 Cr–31 矿体的延深斜列部位，发现并扩大了 Cr–66 矿体；Ⅶ矿群 Cr–57 矿体的延深部分，打到了厚度超过22m的矿体；在Ⅱ矿群 Cr–28 矿体与 Cr–31 矿体之间，发现了新的赋矿部位。只要勘查工作到位，就一定能找到新的矿体，战略选区时要充分把握这一因素。

第五，充分考虑国家、省区的国民经济建设规划和已形成的工业布局。我国赋存铬铁矿的镁质超基性岩分布范围较大，尤其是在属全球阿尔卑斯成矿带的组成部分的西藏的藏南岩带，铬铁矿资源潜力很大，自然地理经济条件相对较好。中央第五次西藏工作会议要求在西藏地区建立铬铁矿生产基地，西藏自治区也做了相应要求。因此，在战略选区过程中，要充分考虑这一因素，并将其作为找矿战略选区的原则之一。

7.2 铬铁矿找矿战略选区的分类及选择

由于西藏境内，超基性岩体展布面积达 5000 多平方千米，踏勘发现赋存有铬铁矿的超基性岩体众多，对这些岩体的工作程度不一。尚有大量的超基性岩体没有作过踏勘或搜山找矿工作，在这些岩体中不排除赋存有大型铬铁矿矿床的可能。因此，有必要对西藏境内广泛分布的超基性岩体，开展全面的地质调查工作，重在中、大比例尺的路线地质、搜山找矿和样品采集工作，为再一次找矿战略选区提供依据。此次仅据现有的资料，据不同岩体的不同勘查程度和含矿性，将找矿战略选区分为以下 3 类。

7.2.1 拟开展矿调或预查工作的岩体

对于工作程度很低，但确认是蛇绿岩型的镁质超基性岩，岩相有分带现象，地表有铬铁矿体分布，已有资料显示有一定找矿前景的岩体，对其开展面积性的找矿工作，面积大的可以进行相当于 1:50000 比例尺矿调等工作，面积小的可进行 1:25000 比例尺的矿调工作，为普查提供依据。如西藏的东坡、普兰地区的岩体，休古嘎布岩体等。

7.2.2 可开展普查工作的岩体

已投入一定的工作量，确认岩体是蛇绿岩型的镁质超基性岩，主要岩石类型的 M/F 值大于 8，岩相分带较清楚，含矿构造岩相带的一般特征明显，地表矿体（点）和转石分布较多，工程揭露见到一定厚度的矿体，找矿潜力较大。对这类岩体可以部署普查工作，如西藏的泽当西岩体、丁青西岩体、鲁见沟岩体、切里湖岩体（包括临近的江错岩体）。

7.2.3 开展再评价的矿区

已经探获并提交了铬铁矿资源储量，综合分析研究认为含矿构造岩相带中仍有较大的找矿空间。岩石组合、岩相分带性强，含矿构造岩相带具有一定的规模，对这类岩体应加大力度开展再评价工作，力争尽快探获更多的资源储量。如西藏的罗布莎岩体，依拉山、东巧西等矿区。

此外，西藏的休古嘎布－当穷岩体、日喀则西岩体的柳区段也可作为后续选区。

铬铁矿的勘查项目选区，应以一个完整的岩体为单位，不宜仅选其中的一个或几个矿群为单位。这样难以收集和研究成矿地质条件，无法总结成矿规律指导找矿。

西藏超基性岩体很多，绝大部分工作程度很低，甚至根本就没有工作过。战略选区只能是在做过一些工作的岩体中进行，这些岩体中可能赋存有大矿的岩体还没有发现。因此，目前我们的选区只是在我国重新启动铬铁矿找矿战略选区时的第一批，随着铬铁矿找矿工作在西藏、新疆、内蒙古等地的展开，以后还会有更多含矿性更好的超基性岩体投入勘查工作。只要对勘查投入很少的蛇绿岩以及尚没有投入勘查工作量且有一定规模的蛇绿岩体，迅速开展勘查工作，我国铬铁矿矿产资源短缺的情况，将会在不久的将来被改变。

7.3 铬铁矿找矿战略布局建议

我国铬铁矿单矿种找矿的战略布局，应首选西藏，其次为新疆。内蒙古的岩体规模虽然比较大，但矿石质量不高，可以作为后备来考虑。

在西藏应以雅鲁藏布江（藏南）岩带为首选。要开展全面地岩带评价，以期发现类似罗布莎岩体那样含矿性好的岩体，并立即开展进一步的勘查工作，力争尽快取得突破。同时，还应重视加强对藏北岩带江错－切里湖岩体以东岩带的普查工作，其中的依拉山、东巧西矿区，都是提交过数十万吨铬铁矿资源储量的矿区，但其工作程度不高，尤其是没有进行过中深部找矿。以往的勘查控制深度都在300m以内，认真分析研究以往收集的第一手资料，从寻找蛇绿岩型豆荚状铬铁矿的找矿思路上入手，定会有意想不到的收获；而江错－切里湖岩体以西的岩带，由于铁质增高，以铁质超基性岩为主，不利于铬铁矿的形成，且该区的岩体规模不及东部的大，可以放后进行评价。

在已选找矿靶区的布局上，面上应尽快开展东坡－普兰的预查工作、泽当西和鲁见沟两项普查工作，并加紧研究前两年开展的雅鲁藏布江超基性岩带矿产远景调查评价的成果，从中选择最佳地段开展相应的铬铁矿找矿工作。

点上，应首选西藏罗布莎超基性岩体。自1965年，地质部铬矿会战指挥部派出普查组在岩体上开展工作以来的半个多世纪的时间里，通过矿产勘查开发收集了大量的第一手资料，经综合研究和探采对比，不断揭示了铬铁矿赋存的规律，中央含矿构造岩相带就是铬铁矿赋存规律的总概括。这为我们在罗布莎岩体中进一步更有效的找矿提供了依据。2013年，在Ⅱ矿群Cr－31矿体侧伏方向，找到了比30多年来始终保持我国规模最大记录的Cr－31铬铁矿体还要大的矿体——Cr－80矿体和香卡山矿区的Cr－168矿体，就是一个重要的启示。类似这样的找矿空间还很大，不仅在罗布莎矿区，在同一岩体相邻的矿区香卡山、康金拉的找矿空间也很大。

近些年铬铁矿找矿项目逐渐开展，找矿方向是重要问题。这就要对罗布莎岩体内的中央含矿构造岩相带进行更加深入的研究、解剖。应该组织有一定专业水平的人员，在罗布莎岩体内的3个矿区选择有代表性的地段，测制包括中央含矿构造岩相带及跨两侧围岩的短剖面，剖面上还应有见矿的钻孔，每个矿区（包括两矿区衔接地段）应该有3～5条，凡厚度大于0.2m的分层都应该分出来详细描述，特殊意义的分层即使小于0.2m也应该夸大表示，采用宏观（亲自测剖面、钻孔编录）与微观（各种测试手段）相结合的办法，掌握中央含矿构造岩相带的内在规律，用于指导找矿，做到有的放矢。这项工作刻不容缓，应该抓紧进行。

罗布莎岩体内3个矿区目前已探获了约900万t铬铁矿资源储量。据此推断，只要加大投入钻探工作量，在罗布莎岩体，探获1500万t甚至更多的铬铁矿资源储量应该不是过高的预期。困难的是，该岩体有两个矿业公司分别在罗布莎、香卡山、康金拉开采铬铁矿，他们虽然也在投入资金勘查找矿，但资金不足且重在围绕矿山生产进行。虽有国家的老矿山项目支持，但投入有限，难以取得重大突破。为尽快找到更多的铬铁矿资源储量，一定程度上摆脱我国铬铁矿资源短缺的瓶颈束缚，应在罗布莎岩体采取特事特办的变通办法，尽快开展罗布莎岩体 3 个矿区的再评价工作。这也是贯彻落实中央第五次西藏工作会议要求建立藏中铬铁矿生产基地的措施，是落实十八届三中全会精神讲究质量、讲究效益的具体体现。

鉴于豆荚状铬铁矿成矿地质条件不同于其他金属矿产，又较其他矿种勘查具有更高的风险、更大的难度。我国铬铁矿勘查工作开展以来，采用的是专业化队伍的体制，取得了较好的效果。只是我国的铬铁矿找矿工作已停滞了约 20 年，专业人员基本都已退休，后继无人。当前，随着我国社会主义市场经济的不断发展，组成专业化队伍进行铬铁矿勘查可能有一些难度，但必须强调只有具有一定专业资质的专业人员和队伍承担勘查任务，才能取得投入少、见效快、质量高的最佳效果。因此，建议开展新一轮铬铁矿找矿工作之时，必须加大野外勘查工作和综合勘查的培训力度，必须学会在野外取全取准第一手资料，在勘查过程中逐步建立专业化的勘查队伍。否则将会事倍功半，给国家的人、财、物造成重大损失。

7.4　矿产地质勘查工作

7.4.1　开展矿调或预查工作的岩体

这类地区往往是工作程度很低，仅做过踏勘或做过很少量精度不高的面积性工作及拣块采样等，但提供的资料显示找矿潜力较大。对这类岩体或岩体群，应尽快投入工作量，开展较为正规的勘查工作，为寻找可供普查的岩体提供依据。其目的任务是：①在没有或缺少区域性地质资料的超基性岩体分布地区，应开展 1:50000 矿产地质调查，配合 1:50000 重力和磁法测量。在有一定资料的超基性岩体分布区，应开展预查工作。同时，根据铬铁矿的特点，选择支沟交汇口的上游，采集一定数量的自然重砂样品，力图尽快圈出铬尖晶石的重砂异常，为缩小靶区提供依据。②基本查明岩体类型（是否为蛇绿岩型），建立区内蛇绿岩柱状剖面，并与相邻剖面对比。③基本查明岩体的规模、形态、产状。④大致查明岩石类型（镁质、铁质超基性岩？）、岩石系列（正常、铝过饱和系列？）；⑤大致查明区内构造特征、岩石组合，初步划分岩相带；⑥开展搜山找矿，发现矿体，投入极少量的工程并采样，圈连矿化范围，提出其中最有铬铁矿资源潜力地段。

7.4.2 开展普查工作的超基性岩体

对经过预查显示超基性岩体具有较大铬铁矿资源潜力的岩体和圈出的重砂及物探异常，应继续尽快开展超基性岩体铬铁矿的普查工作，为探获铬铁矿资源储量提供地质依据。其目的任务是：①基本查明岩体的岩石类型（镁质、铁质超基性岩？）、岩石系列（正常、铝过饱和系列？）、主要岩石的岩石化学特征，以及附生和造矿铬尖晶石的特征。②大致查明造岩矿物、岩石特征、脉岩分布范围和特征。对岩性变化频繁地段研究其矿物组成、蚀变、构造特征和接触关系等；大致查明含矿构造岩相带的展布和特征。③大致查明岩体内的（原生、后生）构造特征，构造与脉岩、矿体的关系。④对岩体中部及矿化有利地段，再次开展搜山找矿，圈定矿体（点）集中分布的地段，投入适量的槽探、井探和钻探工作量，对含矿性作出评价。选择主要矿群结合物探综合成果，施工一条深浅孔结合、贯穿岩体的地质物探综合剖面，揭示岩体的内在特征。⑤顺便收集开采技术条件和矿石可选性资料，可以类比或作可选（冶）性试验。⑥在全面找矿的基础上，对一些主矿体、矿群，择优投入数量有限的勘查工程，对物探异常择优进行查证，作出评价，提交推断的（333）和预测的（334？）资源量。

7.4.3 开展再评价的矿区

再评价矿区，都是在我国经过多年甚至数十年矿产勘查，探获有一定数量的铬铁矿资源储量的矿区，如西藏的罗布莎、东巧、依拉山铬铁矿区，新疆的萨尔托海矿区、内蒙古的3756矿等。这些矿区以往工作程度较高，大多数达到详查或勘探阶段，且多数都已开采。探采对比结果表明，总体符合《固体矿产地质勘查规范总则》中相应勘查程度对探获资源储量类型精度的要求，相当一部分资源储量还满足了更高精度的要求。但由于以往对豆荚状铬铁矿的成矿地质背景认识不足，找矿思路不够全面，勘查深度多在300m以内，致使找矿效果不够理想。

随着对我国多个规模较大的铬铁矿矿区勘查成果的分析研究，尤其是中央矿带独特构造岩相特征的总结，使找矿思路更加开阔、明确。罗布莎岩体几个矿区近些年找矿效果的显现，探采对比资料的证实，有必要对包括罗布莎铬铁矿区在内的多个矿区，投入更多的勘查工作量，利用新思路、新模式指导找矿，相信会取得更加可观的铬铁矿资源储量。其目的任务是：①全面、系统收集矿区及周边以往的区域地质、勘查、科研成果，依据我国豆荚状铬铁矿的主要矿体多产于岩体中部具有独特构造岩相地段的展布和共性特征，开展综合研究，深入分析总结规律，预测新的找矿空间，明确找矿方向。②依据研究成果，补充大比例尺的有效物探方法和手段，配合地质工作，开展直接或间接找矿工作，对确定的各种异常，结合地质特征，进行必要的科学的处理，作出合理的解释。③围绕矿群增加控制岩体的主干剖面和控制中央含矿构造岩相带的控制性剖面，以利于全面评价岩体的含矿性。④要特别重视矿群或矿体的侧伏方向、叠瓦状展布的延深部位、矿群间以及两个分段集中地段之间的空间的找矿工作。鉴于豆荚状铬铁矿多成群出现，单个矿体的规模一般不大，且大小相差较大、产状变化也较大。因此，对矿体的控制，应从矿群入手，进行系统控制。⑤依据豆荚状铬铁矿成带分布、成群出现、分段集中，及矿体呈雁行状展布、叠瓦状排列的共性特征，结合主要矿群的个性特征，论证主要矿体的勘查类型和工程间距，原则上最小工程间距为 $40\,m \times 40\,m$，部署系统工程圈连矿体。探获相应的资源储量，并作出含矿性的全面评价。切忌不经论证，随意套用规范中的参考工程间距布置工程。

7.5 物探工作

7.5.1 开展矿调或预查工作

物探工作的目的任务：圈定岩体范围（尤其是在隐伏地区查明各出露岩体间的关系和范围），粗略了解岩体形态、产状，测定岩矿石物性，包括岩体外的围岩和岩体内部的干扰体，了解已知矿体的重磁异常特征，并对其规模作初步解译评价，直接找矿，侧重找大矿和矿群矿带。

工作布置和工作方法：以地面磁测和高精度重力测量为主，在全岩体上布置面积性测量，要覆盖到岩体边界。并布置 1 ~ 3 条穿过岩体的长剖面。如地形条件差，重力测量面积可比磁测小些，在已知矿体上视矿体大小布置数条剖面或小面积重磁测量，以了解矿体情况。

面积性物探工作的基本比例尺可视岩体大小及施工条件选择 1:10000 ~ 1:50000，测网为线距 100（或 80）~ 500m，点距 20 ~ 40m，发现异常或矿体后可局部加密，工作精度为磁测 ±20nT，重力 ±150μGal。❶

7.5.2　开展普查工作

物探工作的目的任务：根据重磁异常的局部特征和区域性特征直接找矿和间接找矿，尽力区分矿与非矿异常，设法提高异常验证见矿率，可结合化探硼异常成果和其他物探成果综合研究；根据长剖面的重磁场特征，配合地质研究岩体形态产状，以有利于指导间接找矿和理论找矿；在已知矿体上布详查区，就矿追矿找矿，扩大矿群规模；在地质和物性条件具备时，可根据重磁场特征（可作必要数据处理），结合地质需要，确定岩体内的含矿构造岩相带范围、断层破碎带位置和划分岩相带。继续采集各类岩矿石标本，统计物性特征，使所得结果更准确、更符合实际、更有代表性和实用性。

工作布置和工作方法：以找矿为目的在岩体内布置面积性高精度重磁测量，穿过岩体布置 3 ~ 5 条重磁长剖面，在所发现的局部异常和已有矿体上加密点线距作详查，在拟进行钻探验证的异常中心布置精测剖面。为了提高找矿效果，除综合应用重磁两种方法以外，还可根据实际情况，配合研究化探硼异常及其他物探成果，如井中物探、AMT 和激电等。

重磁面积测量的基本比例尺为 1:5000，测网为线距 40m，点距 20m，工作精度为磁测 ±10nT，重力 ±100μGal。

7.5.3　再评价矿区

物探工作的目的任务：在矿区已知矿体外围和深部找新矿；继续研究圈定含矿构造岩相带等间接找矿的方法；继续研究岩体形态产状；试验研究用于配合找

---

❶　$1\mu Gal = 10^{-8}m/s^2 = 10^{-3}mGal$。

矿的其他物探方法。

工作布置和工作方法：根据地质需要和已有物化探成果，布置找矿详查区，为提高找矿效果，可针对每个岩体的不同地形、地质、物性特征，投入不同物化探方法做试验研究，例如开展 AMT 和激电方法找矿试验及在钻孔和平硐中作电磁波透视。重磁详查基本比例尺为 1∶2000，测网线距 20m，点距 10m。工作精度为磁测 ±10nT，重力 60~100μGal。

7.6　经验与教训

我国半个多世纪的铬铁矿找矿勘查实践取得的最大收获是，掌握了蛇绿岩型豆荚状铬铁矿的找矿标志，抓住了找矿的正确思路——中央含矿构造岩相带控矿的理论，并在罗布莎岩体铬铁矿找矿勘查中不断得到证实，在新疆萨尔托海等岩体上找矿也取得了可喜成果。这是几代铬铁矿找矿人深入细致观察，孜孜不倦科学探索，各工种相互配合一丝不苟精心施工，群策群力认真总结的结果。

参与《中国铬铁矿单矿种找矿战略选区研究报告》的几位老专家，见证了我国铬铁矿勘查从"岩相控矿"到"构造控矿"的全过程。在罗布莎岩体铬铁矿的找矿勘查中，通过对野外的一条线、一个点的地质观察，一块块光薄片的仔细研究，许多与传统岩浆矿床完全不同的地质现象和特征引起了我们广泛的重视，促使我们另辟蹊径探索新路子。大量的地质现象、岩石矿物的分析测试数据、铬铁矿体在空间的展布特征、矿体的围岩主要为斜辉辉橄岩的事实、非常普遍的构造接触关系，以及 20 世纪 70 年代中国地质科学院的学者在岩体中发现金刚石等各种因素和事实，促使我们逐步转变找矿思路。尤其是 70 年代后期，铬铁矿找矿转向了岩体中部的构造软弱带，屡屡取得成功，使资源储量迅速增加。近些年危机矿山、老矿山项目实施以来，效果更加明显，资源储量有了大幅度的增加。中国地质科学院的学者在蛇绿岩型豆荚状铬铁矿的研究方面也取得了可喜成果，有力地支持了罗布莎岩体铬铁矿的找矿勘查工作。

实践检验了中央含矿构造岩相带作为蛇绿岩型豆荚状铬铁矿的找矿标志是可靠的。这为我国今后进一步扩展蛇绿岩型豆荚状铬铁矿找矿勘查，提供了强有力的判别标志。

第一，遵循地质规律找矿效果良好，是完成任务的核心。三年的接替资源找矿工作证实了这一点。参与项目的矿山和勘查单位都有各自的想法。矿山希望找到更多的矿,见工作程度低的地段就打钻,如Ⅷ、Ⅸ矿群就打了许多白眼(无矿孔),还想尽快圈连矿体准备开采,迈不开步子。勘查单位对地质规律的认识不一,担心钻孔不见矿,也迈不开步子。关键是技术负责和监审专家一定要把好关,促使主要工作量投放合理,提高找矿效果。

第二,加强协作是完成任务的条件。承担单位、勘查单位、外协单位、主管单位等之间的相互协作是有效推进找矿工作的关键,尤其是承担和勘查单位的协作更是重要。实践中通过协调会相互沟通,不仅可解决矛盾,更能保证任务的顺利完成。

第三,领导重视、制度健全是完成任务的保障。西藏自治区国土资源厅、地勘局领导、多吉院士、勘查处领导自始至终一直非常重视罗布莎岩体铬铁矿的找矿勘查工作,常到矿区检查工作,遇到问题就地解决。严格执行全国危矿办建立的制度。厅里事多人少,每年两次的监审一次不少,这也是保证任务完成的重要因素。

第四,及时调整部署是关键。考虑到矿山资源短缺,为进一步开发利用贫铬的Ⅴ矿群Cr-116矿体,部署了部分工程,意图扩大Cr-116矿体规模,但实施过程中见矿情况不理想却没能及时调整工程部署,影响了勘查效果。相反,在康金拉矿区的坑道、钻孔施工中途遇大范围坍塌,几次尝试无果,立即调整了部署,效果良好。

第五,专业人员短缺直接影响勘查工作的效率和质量。在罗布莎岩体上承担两个矿山企业(包括3个矿区)接替资源找矿的西藏二队专业技术人员满员时不超过8人。野外工作期间几乎从来没有满员过。即使仅有的专业技术人员,在长达数十千米的岩体内,疲于奔命地进行野外编录,很难挤出时间进行综合分析,专业人员短缺严重影响了编录质量,如钻孔编录分层很粗,尤其是在中央含矿构造岩相带中的分层很粗,直接影响到工程部署。

矿山企业专业人员更加奇缺,自主勘查工程部署存在不少问题。接替资源找矿项目不同意在Ⅷ矿群打钻,矿山自己组织施工了不少浅孔,基本没有见矿。

第六,加强野外及时的综合研究是又好又快完成任务的必须。危机矿山以来的十年,野外队项目组自身在野外及时综合已有资料、及时择优部署工程取得丰硕成果的事例几乎没有。从上到下不重视日常的综合研究,习惯于依赖科研单位和院校,这是近些年来出现的"怪事",结果可想而知。如果能开展及时的野外综合研究，找矿效果会比现在更好。

7.7 综合勘查和评价

豆荚状铬铁矿的单体规模一般不大，其产出特征反映了找矿的难度。为了提高找矿的效果，我们采用了地质、物探、硼元素地球化学方法试验、钻探、坑探等多种方法和手段，开展铬铁矿的找矿工作。

罗布莎等多个矿区的实践不止一次证明了这一点。重力、磁法用于圈定岩体和构造的效果较好，但也有些方法手段的效果并不理想，有待进一步实践检验，如无线电波透视、井中声波透视方法、放射性密度测井、视电阻率测井、磁化率测井、天然放射性（自然伽马）测井、声波测井、硼元素测量等，这些手段和方法都在矿区作了试验，均没有明显效果。其他如不同比例尺的地质测量、剖面测量、水文地质、工程地质、环境地质、钻探、坑探等工作，都是常规性的工作，必不可少，只需严格执行规范、规程要求即可。

特别要强调的是，要重视采样加工测试工作。它在矿产勘查工作中是最重要的，所有施工的工程，都是为了采样、加工、测试。提取的样品信息，可供作出进一步的分析判断，以至利用分析结果估算资源储量。在超基性岩铬铁矿的勘查中，采样的范围、用途、作用更加宽广。由于成矿地质背景非常复杂，必须借助包括岩石化学分析、单矿物分析、地质年龄测试、矿石全分析、基本分析、组合分析、铂族元素分析、人工重砂鉴定等在内的各种分析，方可获取丰富信息，用于指导找矿或估算资源储量。

拟开展超基性岩铬铁矿找矿、勘查工作的各选区，具体勘查方法和手段，以及工作量，应视各勘查区的实际需求确定。

7.8 矿山探采对比信息为铬铁矿勘查提供了新思路

现行的《固体矿产地质矿产规范总则》附录 C 中明确：SD 精度与地质可靠程度关系为：探明的 $\eta \geqslant 80\%$ ；控制的 $45\% \leqslant \eta < 65\%$ ；推断的 $15\% \leqslant \eta < 30\%$ ；预

测的 $\eta < 10\%$。

在罗布莎超基性岩几个铬铁矿区进行开采的西藏矿业公司和西藏山南江南矿业公司，对各自开采地段的部分矿体作了探采对比，两个公司虽然对比的是不同矿体且勘查程度不同，但探采对比结果总体基本一致。豆荚状铬铁矿"抱团"的特征，促使我们可以将矿群作为衡量控制程度或探采对比的单元。采矿的结果没有因为单个矿体的形态变化大而严重影响了设计的总体部署、年度生产计划的安排，或加大了开拓的土石方工程量，明显地增加了成本，从而造成了较大的经济损失。之所以成本没有明显增加，没有造成明显损失，是由于矿体抱团在一起，相距不远，采矿时遇到矿体形态变化，略微改变工程方向就能解决问题的缘故。罗布莎铬铁矿两个矿山的生产实践就不断地证明了这一点。

可见，对于豆荚状铬铁矿，以单个矿体衡量控制程度难以做到，会使成本大大增加。要加密工程至 20m 或更密是不必要的，只需在生产探矿中解决即可。这样做既缩短了勘查周期，又减少了勘查投入。因此，对铬铁矿的勘查程度应以矿群或矿群中的矿段（分段集中）为单元。

可以认为：现行的铬铁矿勘查方法、工程间距，总体能够基本满足矿山建设设计和生产的需要，虽然探采对比资料显示矿体的形态变化较大，但矿群资源量的变化能够符合规范中的相应要求，而矿体形态变化影响的变幅一般不会超过 10 余米，采矿工程只需稍加调整即可。这种变化不会造成大的工程部署失误。而采矿的结果也没有因为单个矿体的形态变化较大而较大地影响了设计的总体部署和年度生产计划的安排，或因此造成了较大的经济损失。所有原因都归结为单个矿体规模小，而矿群中各矿体相距又很近，且周边还存在一些未发现的规模不一的盲矿体可以弥补部分矿体变化较大的亏损之故。

至于地质研究程度，对于采矿来说，矿石矿物及嵌布特征相对简单，且矿石类型多致密块状，铬铁矿粒度较大，为易选矿石，选矿试验程度不必过高。需要重视的是矿石中的铂族元素和金刚石的综合评价工作，选矿试验时应提出具体要求。

1970~1980 年作者曾在罗布莎岩体从事铬铁矿勘查工作。随后又从 2004 年开始，参与了西藏铬铁矿危机矿山接替资源找矿项目论证，并作为国土资源部危机矿山接替资源找矿办的专家承担了西藏矿业公司和西藏山南江南矿业公司两个找矿项目的监审工作；后又作为中央地勘基金管理中心"中国铬铁矿单矿种找矿战略选区研究"项目的负责人及研究报告的主编从事了有关铬铁矿找矿研究的工作；同期又以西藏二队铬铁矿勘查技术顾问的身份参与了大量有关铬铁矿找矿实践。作者从事铬铁矿找矿勘查近20年，在整个过程中，尤其是在十年的罗布莎岩体铬铁矿勘查工作中，有着深刻的体会和思考，现将其整理成册，以供铬铁矿勘查者在对蛇绿岩型豆荚状铬铁矿勘查时参考、借鉴，避免重走弯路。

参考文献

鲍佩声，王希斌，彭根永，等. 1999. 中国铬铁矿床 [M]. 北京：科学出版社.

崔军文，刘建三，乔子江. 1983. 罗布莎铬铁矿田构造研究 [C] // 中国地质科学院地质力学研究所文集.

郭铁鹰，梁定益，张宜智，等. 1991. 西藏阿里地质 [M]. 武汉：中国地质大学出版社.

王希斌，鲍佩声，邓万明，王方国. 西藏蛇绿岩. 北京：地质出版社. 1987.

王希斌，鲍佩声. 1987. 豆荚状铬铁矿床的成因——以西藏自治区罗布莎铬铁矿床为例 [J]. 地质科学，(2)：166 – 181.

西藏自治区地质矿产局. 1993. 西藏自治区区域地质志 [M]. 北京：地质出版社.

杨经绥，白文吉，方青松，等. 2004. 西藏罗布莎豆荚状铬铁矿中发现超高压矿物柯石英 [J]. 地球科学 – 中国地质大学学报，29（6）：651 – 660.

杨经绥，张仲明，李天福，等. 2008. 西藏罗布莎铬铁矿体围岩方辉橄榄岩中的异常矿物 [J]. 岩石学报，24（7）：1445 – 1452.

姚培慧. 1996. 中国铬矿志 [M]. 北京：冶金工业出版社.

周详，曹佑功，朱明玉，等. 1987. 西藏板块构造 – 建造图（1:1500000 说明书）. 北京：地质出版社.

内部资料

巴登珠，次罗，索朗平措，等. 2013. 西藏山南曲松县罗布莎Ⅰ、Ⅱ矿群南部铬铁矿详查报告.

杜长贵，等. 1995. 西藏自治区曲松县香卡山矿区南部矿带北西段铬铁矿普查报告.

黄树峰，陈金标，江化寨，等. 2010. 西藏自治区山南地区泽当矿田铜多金属矿普查报告.

罗布莎矿区地质组. 1979. 西藏罗布莎铬铁矿床基本特征和找矿方法.

濮兆华，等. 1986. 西藏自治区曲松县罗布莎铬铁矿区Ⅰ、Ⅱ矿群勘探地质报告.

王希斌，颜秉刚，等. 1979. 西藏曲松县罗布莎超基性岩体西段铬铁矿床成矿规律及找矿方向地质科学研究报告.

魏保军，等. 1990. 西藏自治区曲松县香卡山铬铁矿区Ⅻ—ⅪⅤ矿群普查地质报告.

张能军，等. 2010. 西藏自治区曲松县罗布莎Ⅶ矿群，香卡山Ⅷ、Ⅸ、ⅩⅥ矿，康金拉矿区铬铁矿接替资源勘查报告.

张能军，等. 2010. 西藏自治区曲松县罗布莎Ⅰ、Ⅱ、ⅣⅤ矿群铬铁矿接替资源勘查报告.

西藏地质局第二地质大队矿区地质组. 1977. 西藏罗区铬铁矿矿床成矿规律的初步研究.

严铁雄, 徐宝文, 蒋文良, 等. 1974. 西藏超基性岩铬铁矿地质特征初步总结.

严铁雄, 徐进才, 杨四安. 1981. 西藏自治区×× 县罗××铬铁矿床成矿的若干问题及找矿方向.

严铁雄, 杨四安, 濮兆华, 徐进才, 等. 1981. 西藏自治区曲松县罗布莎铬铁矿区详细普查地质报告.

严铁雄. 2009. 西藏罗布莎超基性岩体铬铁矿找矿方向的建议. 国土资源部咨询研究中心专家建议, 2009 年第 60 期.

严铁雄. 2010. 加快、加强对藏南超基性岩带及几个主要超基性岩体开展预查、普查工作的建议. 国土资源部咨询研究中心专家建议, 2010 年第 46 期.

严铁雄. 2010. 重点解剖全面推进择优勘查为摘掉我国铬铁矿极缺帽子作出贡献. 国土资源部咨询研究中心专家建议, 2010 年第 43 期.

严铁雄. 2010. 西藏曲松县罗布莎矿区 I、II、IV、V 矿群铬铁矿接替资源勘查工作总结.

严铁雄. 2010. 西藏曲松县罗布莎 VII 矿群, 香卡山 VIII、IX、XVI 矿群, 康金拉矿区铬铁矿接替资源勘查工作总结.

严铁雄, 张能军, 任丰寿, 吴钦, 崔金英, 等. 2013. 中国铬铁矿单矿种找矿战略选区研究报告.

张浩勇, 阮桂甫, 向德宗, 王志宜. 1993. 西藏自治区超基性岩铬铁矿资料汇编.

张华平, 张能军, 朱德明, 等. 2015. 西藏自治区曲松县罗布莎 – 香卡山 – 康金拉铬铁矿香卡山矿区 XII—XIV 矿段铬铁矿资源储量核实报告.

张能军, 王敏德, 张华平, 等. 2015. 西藏自治区曲松县罗布莎岩体矿山密集区铬铁矿深部战略性勘查报告.

张能军, 张华平, 江涛, 等. 2015. 西藏自治区曲松县罗布莎铬铁矿接替资源勘查报告.